Keiran Pattullo Graf

Abrir caminho por Breaking Bread

Keiran Pattullo Graf

Abrir caminho por Breaking Bread

Uma investigação filosófica conciliatória no debate sobre as culturas industriais e alternativas

ScienciaScripts

Cover image: www.ingimage.com

This book is a translation from the original published under ISBN 978-3-659-85805-5.

Publisher:
Sciencia Scripts
is a trademark of
Dodo Books Indian Ocean Ltd. and OmniScriptum S.R.L publishing group

120 High Road, East Finchley, London, N2 9ED, United Kingdom
Str. Armeneasca 28/1, office 1, Chisinau MD-2012, Republic of Moldova, Europe
Printed at: see last page
ISBN: 978-620-8-30954-1

Agradecimentos:

Gostaria de agradecer a Stefan Linquist e a Monique Deveaux por todo o seu trabalho árduo e pelos contributos úteis para a publicação deste trabalho. Gostaria também de agradecer à minha companheira Alix por ter aturado as minhas queixas e reclamações e por ter puxado a corda quando o trenó se tornou difícil.

Índice

Introdução

"Quando nos cansamos da nossa vida húmida - o planeta é biologicamente limitado - temos de fazer perguntas sérias sobre o que precisamos"[1]

O debate sobre o sistema alimentar industrial atingiu o mainstream. De facto, o discurso popular parece ser a sua principal arena. Um olhar rápido sobre a conversa, particularmente no que diz respeito aos meios de comunicação social e à literatura popular e pública, revela duas vozes estridentes: os defensores do progresso da agricultura industrial e uma comunidade heterogénea de detractores que apoiam uma variedade de agriculturas "alternativas". Apesar do partidarismo e da veemência com que este debate se desenrola frequentemente - os "progressistas" apelidando os seus detractores de xenófobos, românticos e fanáticos anti-ciência, e os "verdes" acusando-os de ganância, insensibilidade, miopia e tecnocracia - as linhas de batalha não são de todo óbvias ou claras. As distinções entre os dois sistemas agrícolas são frequentemente expressas em termos de posições a favor e contra as tecnologias industriais. Os defensores da agricultura biológica, ecológica ou biodinâmica são contra os OGM, os pesticidas "sintéticos", os fertilizantes "químicos" e a criação industrial de animais. Os agricultores industriais adoptam estes produtos e técnicas, quando considerados seguros pelas entidades reguladoras governamentais, como instrumentos úteis para a produção de mais alimentos e fibras, mais baratos. Nesta perspetiva, o debate funciona muitas vezes com uma distinção entre sistemas agrícolas que realça os aspectos organizacionais e tecnológicos dos sistemas agrícolas: a agricultura industrial (doravante designada por AI) é centralizada, especializada, em grande escala, com pouco trabalho, com muitos factores de produção e altamente mecanizada. As agriculturas alternativas são localizadas, descentralizadas, de pequena escala, de mão de obra intensiva, com preocupações ecológicas e mais auto-suficientes.

Mas estas imagens obscurecem importantes sobreposições e gradações tecnológicas e organizacionais que põem em causa a fixidez desta distinção (ver Rigby e Caceres 2001). Por um lado, mesmo as pequenas explorações agrícolas "alternativas" viram as suas capacidades produtivas consideravelmente aumentadas por tecnologias "industriais"[2] como o motor de combustão interna, o germoplasma melhorado, a rede eléctrica, os computadores, os metais e plásticos modernos e uma variedade de produtos para aumentar a fertilidade (por exemplo, fosfato de rocha, farinha de sangue, farinha de ossos, cal agrícola, etc.) e produtos de controlo de pragas (por exemplo, toxina BT, piretrina, enxofre de cal, sabadilla, rotenona, etc.), entre outros. Além disso, tendo em conta a constatação de que qualquer prática agrícola, por mais sensível que seja às ecologias locais, perturba os ecossistemas selvagens em certa medida, e que nenhuma exploração agrícola é ou poderá ser um sistema totalmente

---

[1] (Williston 2012, 361).

[2] Os defensores da agricultura biológica não gostarão que eu chame "industriais" a alguns dos produtos que enumero. Muitos produtos para o aumento do solo e para o controlo de pragas, poderão afirmar, são utilizados há milhares de anos. No entanto, a questão aqui é que mesmo os produtos e técnicas para os quais isso é verdade, a sua disponibilidade em grandes quantidades a preços baixos deve-se atualmente à sua produção em instalações à escala industrial, altamente mecanizadas.

fechado, a autossuficiência e a harmonia ecológica da agricultura alternativa estão separadas das práticas industriais por uma questão de graus.

Para encontrar uma distinção mais robusta, então, talvez tenhamos de olhar menos para os princípios tecnológicos e organizacionais e mais para os filosóficos. Neste caso, os defensores do movimento da agricultura alternativa centram-se nos valores ambientais e sociais que consideram negligenciados ou contrariados pelo sistema industrial. Os defensores do sistema industrial tendem a concentrar-se nos benefícios de uma maior produção em termos da sua contribuição para o cumprimento dos direitos humanos e para o aumento do bem-estar subjetivo. Os membros da comunidade agrícola alternativa centram-se, por exemplo, na necessidade de as explorações agrícolas desenvolverem a fertilidade, a biodiversidade e a comunidade local. A "sustentabilidade" tornou-se o nexo concetual central em torno do qual se desenrola este debate, e em termos do qual ambas as partes defendem as suas reivindicações.

No entanto, embora se tenha acumulado uma literatura considerável sobre o conceito de sustentabilidade em domínios como a ecologia, a biologia da conservação, a economia, a agronomia e a ética ambiental, pouca atenção filosófica dedicada tem sido dada ao debate no que diz respeito às ideologias e práticas agrícolas. Este facto coloca um problema grave para o debate público sobre a AI. Isto porque os vários conceitos de sustentabilidade provêm de contextos académicos cujas aplicações à agricultura não são imediatamente óbvias ou não problemáticas. Para além disso, a sustentabilidade é uma noção carregada de valor em vários aspectos importantes. Em primeiro lugar, exige que delineemos sistemas e elementos funcionais[3] dos mesmos. Uma vez que os sistemas naturais, sociais e políticos interagem de uma forma extremamente complexa, existem inúmeras formas de dividir os sistemas; por outras palavras, a definição de fronteiras é sempre feita com um objetivo específico. O mérito deste objetivo, bem como a adequação das fronteiras e dos agrupamentos funcionais, é sempre questionável. Em segundo lugar, para que uma afirmação sobre sustentabilidade possa ser feita, alguma propriedade do sistema ou conjunto de propriedades deve ser escolhida como a(s) coisa(s) a ser(em) sustentada(s). Trata-se de uma escolha fundamentalmente normativa: devem ser apresentadas razões para preferir uma conceção de sustentabilidade que não inclua uma redução maciça da população humana ou que promova ecologias mais próximas dos tempos pré-coloniais. Em terceiro lugar, uma vez que a natureza está em constante mudança, a sustentabilidade deve ser definida em termos de limiares que especifiquem as magnitudes da mudança, o período de tempo durante o qual esta deve ocorrer e a taxa aceitável a que deve ocorrer. A preferência por um conjunto histórico de magnitudes, horizontes temporais e taxas de mudança (de alterações climáticas, por exemplo) depende dos nossos valores.

[3] Por "elementos funcionais" refiro-me à forma como as variáveis dependentes e independentes são categorizadas e relacionadas: por vezes são objectos e causas retirados da física, da química ou da biologia. Outras vezes, são pessoas, influências sociais, razões, emoções e impulsos psicológicos. Frequentemente, integram animais, plantas, pressões selectivas, percursos comportamentais e dinâmicas de grupo com processos biogeológicos. Um elemento assume uma valência "funcional" quando se considera que contribui, de alguma forma, para a manutenção de uma capacidade do sistema como um todo.

A sustentabilidade agrícola coloca problemas para as concepções biológicas, económicas e sociológicas de sustentabilidade, porque é uma prática culturalmente significativa em que a produção deve ser conciliada com a conservação e preservação de processos naturais valiosos. Nas explorações agrícolas, a ecologia, a economia e a cultura encontram-se e têm de encontrar uma conciliação. A atividade agrícola vicia a separação ética prima facie entre a natureza e a humanidade. Os conservacionistas e os preservacionistas procuram muitas vezes evitar que a terra e o habitat sejam espoliados pela agricultura, mas os agricultores concentram-se mais na forma como os processos naturais que são de particular valor para os seres humanos podem ser aumentados e controlados. O problema da sustentabilidade, através da lente da agricultura, torna-se mais complicado do que a questão de saber quais as áreas naturais a preservar, quanta poluição permitir e quais os recursos a conservar, embora estas questões continuem a ser de importância central. Uma ética agrícola adequada exige que examinemos a nossa relação com a natureza através de lentes económicas, sociológicas e ecológicas em simultâneo. O pensamento filosófico sobre a agricultura oferece, portanto, a oportunidade de conceber a sustentabilidade em termos suficientemente gerais para que possa produzir uma abordagem teórica aplicável a muitos outros contextos. Isto porque o debate sobre a sustentabilidade da agricultura não é simplesmente uma questão de saber quanto tempo podem durar determinadas práticas de produção, tendo em conta um determinado stock de recursos, ou que parcelas de terra devem ser reservadas para garantir que as gerações futuras disponham de recursos suficientes, ou como garantir a existência contínua de uma natureza selvagem intocada. Na agricultura, estas questões estão interligadas. E o resultado da falta de clareza ética pode ser visto na proliferação de definições técnicas de sustentabilidade - Jacobs (1995) distingue 386 (em Rigby e Caceres 2001) - que são frequentemente apresentadas como as verdadeiras definições de sustentabilidade, em detrimento de uma discussão explícita dos pressupostos éticos que tornam várias destas definições apelativas em diferentes tipos de circunstâncias. Os debates sobre a AI transformam-se muitas vezes em discussões sobre o que é e o que não é sustentável, quando concepções divergentes de sustentabilidade são confundidas com o mesmo nome. Por conseguinte, a aplicação desta noção à agricultura exige algum trabalho filosófico pesado.

Esboço

As minhas observações introdutórias pretendem mostrar o buraco ético nos conceitos de sustentabilidade em que caem frequentemente os opositores e os proponentes da AI: as suas observações sobre a sustentabilidade provêm frequentemente de raízes conceptuais diferentes e não têm uma aplicabilidade clara e abrangente à agricultura. Neste contexto, as divergências terminológicas podem proliferar desnecessariamente, os valores podem parecer conflituosos quando são perfeitamente contínuos e o discurso construtivo pode ser substituído por facções partidárias que se entrincheiram num conjunto restrito de valores que consideram necessitar de defesa ou promulgação face a outros. Este tipo de clima discursivo é preocupante, tendo em conta a importância da agricultura para a resolução dos problemas ambientais, devido ao âmbito e ao impacto da sua utilização do solo: gera pelo menos 35%

de todas as emissões de gases com efeito de estufa;[4] utiliza atualmente 38% da superfície terrestre do planeta (excluindo a Gronelândia e a Antárctida), sendo responsável pela destruição ou alteração radical de 70% dos prados, 50% das savanas, 45% da floresta temperada de folha caduca e 25% das florestas tropicais; utiliza 70% de toda a água doce que retiramos e 80 a 90% de toda a água que é consumida sem ser devolvida à bacia hidrográfica; quase duplicou os fluxos de azoto e fósforo desde os anos 60, contribuindo para problemas de poluição maciça da água e para as alterações climáticas globais; e, devido a todos estes impactos, a agricultura é um dos maiores motores da perda de biodiversidade global (Foley 2011, 62-3).

O objetivo geral desta tese é examinar duas das posições éticas mais bem desenvolvidas sobre a sustentabilidade agrícola. O meu público-alvo é qualquer pessoa que tenha sido tentada a adotar posições a favor ou contra a agricultura industrial. A minha esperança é fazer avançar o que considero ser uma parte altamente necessária, mas largamente negligenciada, da ética ambiental: a ética agrícola. Considero que mesmo os tratamentos mais filosóficos do debate sobre a agricultura industrial são afectados por uma considerável falta de clareza e partidarismo. A minha tarefa, portanto, será em grande parte clarificadora e conciliadora. O meu objetivo será trabalhar no sentido de um conjunto de ideais partilhados que possam constituir a base de uma discussão colaborativa sobre a forma de formular e abordar os problemas ambientais e sociais modernos relacionados com a agricultura. A tese é, reconhecidamente, filosoficamente preliminar, trabalhando para começar a limpar o ar naquilo que, por vezes, são traços bastante gerais. A minha esperança é realçar os pontos críticos com suficiente clareza e eliminar o partidarismo e a confusão concetual, para que as futuras discussões filosóficas sobre os valores agrícolas possam prosseguir com maior profundidade e especificidade.

A minha tese desenvolve-se em quatro capítulos. O primeiro é uma análise detalhada de uma defesa bem desenvolvida da agricultura biológica, elaborada pelo economista Thomas R. DeGregori nos seus livros Agriculture and Modern Technology: A Defense (2001) e Origins of the Organic Agriculture Debate (2004), bem como em muitos outros artigos. Em termos filosóficos, os argumentos de DeGregori inscrevem-se resolutamente num quadro ético desenvolvido pelos economistas da escola de pensamento institucional, que partilha caraterísticas normativas fundamentais das perspectivas económicas clássica e neoclássica, mas que alarga os instrumentos teóricos para compreender e intervir nos mercados. O meu segundo capítulo é uma análise crítica da defesa económica da AI. Apresento dois problemas principais. O primeiro envolve a visão de DeGregori da relação entre tecnologia e recursos; o segundo envolve a sua imagem da ciência e tecnologia agrícolas como inerentemente progressivas.

No meu terceiro capítulo, considero uma visão alternativa bem desenvolvida da sustentabilidade agrícola, que foi desenvolvida por Paul Thompson nos seus livros The Spirit of the Soil: Agriculture and Environmental Ethics (1995) e The Agrarian Vision: Sustainability and Environmental Ethics (2010). Thompson considera que são necessários mais do que os valores que animam a agricultura industrial

[4] Mais do que todo o sistema global de transportes ou toda a produção de eletricidade (Foley 2011, 63).

para concetualizar corretamente o tipo de coisa que é a sustentabilidade agrícola e para trabalhar no sentido de alcançar uma certa aproximação. Para o efeito, Thompson propõe uma interpretação de três ideais centrais à tradição agrária: 1) o agricultor familiar livre e autossuficiente; 2) a comunidade agrícola bem integrada e localizada; e 3) o cidadão virtuoso como um buscador da auto-realização através do cumprimento dos deveres e do aproveitamento das oportunidades inerentes à posição particular na vida que lhe é atribuída.

Os ideais agrários de Thompson são, no entanto, problemáticos. No capítulo 4,1 exponho os problemas mais gerais através daquilo a que chamo "o trilema agrário". As secções finais são então dedicadas a delinear e tentar mitigar os desacordos persistentes entre os pontos de vista de Thompson e DeGregori. Identifico três áreas em que os seus pontos de vista podem parecer irreconciliavelmente conflituosos e tento encontrar formas de os minimizar, contornar ou dissolver. Termino enumerando um conjunto de ideais que se sobrepõem e que, na minha opinião, podem ser aceites tanto por DeGregori como por Thompson, e que podem constituir a base comum para negociar soluções práticas para problemas agrícolas específicos.

CAPÍTULO 1

O caso da agricultura industrial

"O trabalho do profissional era outrora visto como a resolução de um conjunto de problemas que pareciam ser definíveis, compreensíveis e consensuais. Ele foi contratado para eliminar as condições que a opinião predominante considerava indesejáveis. A cidade contemporânea e a sociedade urbana contemporânea são uma prova clara da proeza do profissional. As ruas foram pavimentadas, e novas estradas ligam todos os lugares; as casas abrigam praticamente toda a gente; as terríveis doenças praticamente desapareceram; a água potável é canalizada para quase todos os edifícios; os esgotos sanitários transportam os resíduos; as escolas e os hospitais servem praticamente todos os bairros; e assim por diante. As realizações do último século nestes domínios foram verdadeiramente fenomenais, por muito aquém das *aspirações de* alguns" *(Rittel e Webber 1973, 156).*

1.1 *A agricultura "industrial" como modo de produção*

É importante distinguir a AI como modo de produção da AI como perspetiva filosófica. Uma filosofia da agricultura, segundo Paul Thompson, pode ser definida como "um conjunto algo coerente de crenças ou princípios que exprimem o objetivo ou a visão orientadora da agricultura ou da criação de animais" (Thompson 2010, 29). A agricultura como modo de produção, pelo contrário, refere-se às práticas, tecnologias e organizações institucionais caraterísticas empregues por um sistema agrícola, independentemente da lógica filosófica da sua utilização. Uma das razões pelas quais é importante estabelecer esta distinção é o facto de a AI como modo de produção incluir uma gama muito ampla de práticas de produção, que vão desde os sistemas de conservação do solo com pouca ou nenhuma mobilização até à agricultura industrial draconiana. E não é claro que uma única prática distinga a AI da agricultura alternativa (Darnhoffer et al., 2009, 71). Com efeito, uma exploração agrícola de escala industrial pode adotar práticas biológicas para aumentar a rentabilidade, sem subscrever a totalidade da perspetiva filosófica biológica. Em alternativa, um agricultor alternativo pode adotar certos métodos industriais (por exemplo, aumentos de escala, maior mecanização, dependência de factores de produção externos) numa tentativa de aumentar a influência e a quota de mercado das suas práticas agrícolas ecológicas. Por conseguinte, quando discutimos o mérito da AI, temos de ser claros quanto ao âmbito das nossas considerações. A minha tarefa nesta secção é delinear brevemente alguns dos traços caraterísticos da AI como modo de produção, antes de me debruçar sobre a sua filosofia subjacente. É ao nível filosófico, como sugeri acima, que se vê um contraste mais nítido entre a AI e as alternativas.

A agricultura industrial, como modo de produção, refere-se frequentemente a operações em grande escala que exploram intensivamente os recursos (terra, em particular), minimizando o recurso à mão de obra. Isto é conseguido, em grande parte, através da aplicação de grandes infra-estruturas mecânicas e de tecnologia agrícola moderna (como germoplasma melhorado, fertilizantes azotados sintéticos, pesticidas sintéticos e similares), que são geralmente fabricados em instalações de produção altamente mecanizadas localizadas fora da exploração agrícola (Thompson 2010, 42-3). A literatura das ciências sociais que mede os efeitos socioeconómicos da AI nas comunidades rurais faz uma distinção entre explorações agrícolas industriais e familiares com base em propriedades agrupadas em duas grandes categorias: escala e atributos organizacionais (por exemplo, Lobao e Stofferahn 2008). A escala pode ser medida espacialmente ou em termos de vendas brutas anuais, embora a métrica das vendas brutas seja cada vez mais preferida, uma vez que as tecnologias modernas permitem que as explorações familiares gerem grandes extensões de terra (ibid. 222). Em termos organizacionais, à medida que as explorações agrícolas industriais aumentam de escala, assumem geralmente organizações institucionais comuns às grandes empresas (ibid. 221): são "propriedade de um grupo de pessoas, geridas diariamente por outra pessoa ou grupo e trabalhadas por outro grupo ainda" (Browne et al., 1992: 30). Juntamente com a passagem das organizações de proprietários-operadores para a incorporação, a propriedade ausente e o trabalho remunerado (recorrendo frequentemente a trabalhadores migrantes com baixos salários), surge uma integração vertical crescente, de tal forma que os produtores, transformadores, distribuidores e comerciantes são propriedade da mesma empresa (Lobao e Stofferahn 2008, 220).

Em geral, a denominação "industrial" é bastante vaga ao nível das práticas de produção. O seu significado só se concretiza num sistema agrícola contrastante. É claro que há casos claros de explorações agrícolas de milhões de hectares, geridas por empresas, que são trabalhadas quase exclusivamente a partir de uma cabina com ar condicionado ou de uma casa de controlo computorizada. Mas se a nossa classe de contraste consistir na agricultura familiar praticada pelo homem da terra americano, mesmo as modernas explorações agrícolas familiares, na medida em que as suas práticas agrícolas requerem eletricidade, canalização, o motor de combustão interna e outras coisas semelhantes, não passam de operações industriais em escala reduzida.

1.2 ***Filosofias "industrial" e "alternativa" da agricultura***

Para delinear os fundamentos filosóficos da AI, é útil contrastá-los com o sistema de crenças que está associado à agricultura biológica, biodinâmica e ecológica, ou 'alternativa'. Os promotores da agricultura alternativa tendem a unir-se em torno de vários temas filosóficos chave. O primeiro é uma preocupação com a integridade dos sistemas ecológicos dos quais a agricultura depende e com os quais muitas vezes é vista a interferir, particularmente a ecologia do solo (Altieri 2000; Luttikholt 2007; NSC 2011; Darnhoffer et al. 2009; Howard 1947; Douglass 1984). A principal crítica à agricultura alternativa é expressa em termos de "substituição de recursos": quando as práticas de gestão que protegem e promovem processos ecológicos como o ciclo de nutrientes, a gestão de pragas e a construção do solo são substituídas por insumos de nutrientes e pesticidas sintetizados quimicamente; ou quando o trabalho humano e os recursos da terra são substituídos pela mecanização e por tecnologias que aumentam o rendimento, como a modificação genética (Darnhoffer et al. 2009, 68). Os defensores dos sistemas agrícolas alternativos criticam a IA por afastar a agricultura dos ciclos e processos ecológicos de que supostamente depende, casando-a com um sistema económico de produção de insumos e progresso tecnológico, ameaçando assim a sua sustentabilidade ecológica. O grau e a extensão das preocupações dos activistas da agricultura alternativa sobre a sustentabilidade ecológica estão intimamente ligados aos seus pontos de vista sobre os sistemas ecológicos. Muitos agricultores preocupados com o ambiente conceptualizam os sistemas naturais, até mesmo a biosfera como um todo, como existindo dentro de um equilíbrio delicado, cuja rutura significa uma catástrofe (Sagoff 2008, 199). Embora alguns sejam menos apocalípticos na sua visão da natureza, todos concordam que a redução do impacto da agricultura nos sistemas naturais é um valor fundamental para a agricultura, em parte por consideração pelas gerações futuras. E todos concordam com a importância do "pensamento sistémico" para conceber explorações agrícolas que melhorem alguns dos males da AI.[5]

O segundo tema filosófico da agricultura alternativa é uma crítica à organização da agricultura de acordo com as "economias de escala" globalizadas e uma promoção de sistemas de produção de alimentos em pequena escala, de base familiar e localizados (Altieri 2000). A procura de aumentos de rentabilidade baseados na produtividade e na escala, encorajada através de regulamentos e subsídios agrícolas em muitos países, levou à adoção de explorações agrícolas monoculturais especializadas, de grande escala, mecanizadas e com uso intensivo de insumos, que são propriedade e operadas por grandes empresas (Darnhoffer et al. 2009). Isto pode viciar as economias alimentares locais e levar os pequenos agricultores à falência (Thompson 2010, 32-3). Embora haja uma variedade de razões pelas quais os críticos pensam que isto é mau - por exemplo, que os pequenos agricultores tendem a ser melhores administradores; que as economias agrícolas de pequena escala aumentam a procura de mão de obra agrícola e, assim, distribuem mais eficazmente a riqueza; que mais pessoas deveriam cultivar porque é um empreendimento digno e edificante; que as pequenas explorações agrícolas apoiam e sustentam comunidades rurais vibrantes; que as pequenas explorações agrícolas promovem a segurança alimentar através do investimento na diversidade - todos concordam que é mau.

A terceira preocupação ética diz respeito à saúde humana. Os defensores da agricultura alternativa argumentam que as práticas de gestão intensiva da agricultura e a utilização de combustíveis fósseis, pesticidas, fertilizantes e OGM estão a causar problemas de saúde humana, quer através da contaminação dos bens comuns ambientais (por exemplo, o ar e a água), quer através da contaminação ou de deficiências nos nossos produtos alimentares (por exemplo, resíduos de pesticidas e deficiências de micronutrientes). Muitas destas alegações de saúde assumem a forma de uma invocação do princípio da precaução (DeGregori 2001, 83): se não costumávamos comê-lo e se não é sintetizado na natureza, então, na ausência de provas consideráveis que demonstrem que não representa qualquer risco, é melhor evitá-lo. Na sua forma mais razoável, trata-se de um cansaço (a) sobre o que sabemos realmente sobre a saúde humana e, por conseguinte, sobre a nossa capacidade de avaliar os riscos da introdução de novas

---

[5] Cada vez mais, as abordagens ecológicas aos sistemas de cultivo, à gestão das pragas, ao aumento da qualidade do solo e à minimização dos factores de produção externos têm vindo a ganhar força entre os agricultores convencionais. A principal diferença entre as aplicações mais convencionais dos conhecimentos ecológicos é que estas tendem a manter uma dependência relativamente forte de métodos e factores de produção industriais intensivos, e utilizam técnicas ecológicas como uma tentativa de mitigar os danos, mantendo ao mesmo tempo rendimentos elevados, baixos consumos de mão de obra e uma rentabilidade baseada na escala. Para um bom exemplo deste tipo de abordagens, ver o sítio da FAO http://www.fao.org/agriculture/crops/thematic-sitemap/theme/spi/scpi- home/managing-ecosystems/integrated-plant-nutrient-management/ipnm-what/en

substâncias artificiais com as quais o organismo humano não esteve em contacto ao longo da sua história, e (b) sobre se os interesses da indústria agrícola e dos organismos reguladores governamentais estão devidamente alinhados com os interesses dos indivíduos na sua saúde.[6] No primeiro caso, pense-se no avanço crescente da compreensão "ecológica" do microbioma humano (Pepper e Rosenfeld, 2012) ou nas preocupações decorrentes do trabalho de Rachel Carson sobre a bioacumulação dos impactos indirectos do DDT e de outros pesticidas na saúde humana (Carson 1962). Neste último caso, pense-se na desconfiança generalizada em relação à agricultura empresarial e à FDA, com base no facto de a) o principal interesse e obrigação legal das empresas ser a produção de lucro e b) os organismos governamentais, como a USDA e a FDA, estarem sujeitos a uma pressão política considerável por parte de poderosos grupos de pressão agrícolas que tentam preservar a sua rentabilidade mesmo à custa da saúde pública.

O quarto tema geral é uma preocupação com o bem-estar dos animais. Uma diferença importante nas estruturas reguladoras da agricultura biológica e convencional é que os regulamentos biológicos impõem normas muito mais rigorosas em matéria de bem-estar animal (NSC 2011, 11-23). Estas têm como objetivo permitir que os animais exerçam os movimentos e "padrões normais de comportamento" caraterísticos da espécie, bem como prevenir lesões e doenças e assegurar o manuseamento, transporte e abate sem crueldade (NSC 2011, 17). A tónica é colocada nas medidas preventivas para proteger os animais do sofrimento causado por doenças ou lesões (NSC 2011, 11-23). E a consideração da qualidade de vida dos animais manifesta-se em regulamentos que exigem acesso a abrigo contra intempéries, luz solar, ar livre, sombra, ar e água limpos e nutrição adequada (NSC 2011, 11-23).

A filosofia industrial da agricultura, tal como a desenvolverei de seguida, é uma filosofia política minimalista em dois aspectos importantes. Primeiro, é moralmente minimalista, defendendo uma política pública baseada em noções mínimas de bem-estar público que são compatíveis com uma grande variedade de escolhas de estilo de vida e concepções de vida boa. Em segundo lugar, está amplamente alinhada com os valores que apoiam um sistema de mercado relativamente desregulado para a atribuição de bens e serviços agrícolas. Seguindo o exemplo de Paul Thompson, podemos pensar na filosofia industrial da agricultura como conceptualizando a agricultura como apenas mais um sector da economia industrial: os objectivos e obrigações sociais aplicáveis não são diferentes para ela do que para qualquer outra indústria, como a mineira, a transformadora ou a de serviços. Como tal, os objectivos e as restrições normativas aplicáveis à agricultura variam de acordo com o ponto de vista de cada um sobre a estrutura normativa adequada dos mercados económicos.

Tendo delineado em traços gerais as diferenças práticas e filosóficas entre a AI e as agriculturas alternativas, passo agora a dois argumentos éticos em defesa da AI. O primeiro argumento centra-se na

---

[6] Nas suas formas menos razoáveis, o cansaço deriva de pressupostos vitalistas segundo os quais os compostos sintetizados pelos seres humanos carecem de uma certa qualidade vital que os compostos sintetizados pelos seres vivos não têm.

afirmação empírica de que a AI é a única estratégia viável para aliviar a fome no mundo. O segundo argumento, extraído do trabalho de Thomas DeGregori, defensor declarado da AI, sustenta que a AI é o meio mais eficiente de aliviar a fome no mundo. Tentarei mostrar que o primeiro argumento, para ser eticamente defensável, se transforma no segundo.

1.3 O argumento da produção

A IA é frequentemente defendida como o único meio possível de fornecer uma nutrição suficiente para todos. Este argumento pode ser reconstruído da seguinte forma:

P(1): fornecer alimentos suficientes para evitar que todas as pessoas no mundo passem fome é o principal requisito que qualquer sistema alimentar global deve satisfazer para ser moralmente aprovável (chamemos a isto o critério da suficiência).

P(2): Apenas os sistemas de produção da AI podem satisfazer o critério de suficiência.

C: Por conseguinte, a AP é a única forma de produção agrícola moralmente aceitável.

Uma vez que P(1) parece ser um pressuposto normativo razoável, deixemo-lo de lado por enquanto e concentremo-nos em P(2). Uma defesa ingénua de P(2) pode ser descartada de imediato com base no facto de já produzirmos alimentos suficientes para alimentar o mundo[7] (Foley 2011, 62; FOA 2009, 28) utilizando uma mistura de sistemas de produção alternativos, de pequenos agricultores e industriais. As estimativas variam quanto às contribuições dos vários sistemas agrícolas. O ETC. Group (2009) estima que 30% dos géneros alimentícios globais são produzidos através da cadeia alimentar industrial, 50% através da "agricultura camponesa", que é maioritariamente de pequenos agricultores e orgânica ou com poucos factores de produção por necessidade, 12,5% são caçados ou recolhidos e 7,5% são produzidos por "camponeses urbanos" (1). Rigby e Caceres (2001) estimaram que, em média, 2,2% de todas as terras agrícolas da UE eram de produção biológica certificada e que o sector biológico estava a crescer rapidamente - nos EUA, o número de agricultores biológicos estava a aumentar 12% por ano nessa altura (22). A FAO (2002) refere que a quantidade total de terras cultivadas com produtos biológicos nos EUA e na Europa triplicou entre 1995 e 2000, contribuindo para uma pegada global total de 15,8 milhões de hectares em 2001 (55).

Além disso, a meta-análise de Seufert et. al. (2012) mostrou que os sistemas de agricultura biológica, definidos como explorações que possuem certificações biológicas ou que seguem estas normas explícitas, quando comparados em escalas espácio-temporais semelhantes aos sistemas convencionais, produziram rendimentos em média 25% inferiores (229). Comparando sistemas biológicos e convencionais em que foram utilizadas as melhores práticas, os sistemas biológicos produziram em média rendimentos apenas 13% inferiores. Ora, dado que atualmente utilizamos 1,5 mil milhões de hectares de terra para a produção de culturas e que outros 2,7 mil milhões de hectares têm

[7] Os limiares mínimos de ingestão calórica que devem ser considerados para alimentar satisfatoriamente o mundo variam. É comummente aceite que entre 1.720 e 1.960 kcal por dia é o mínimo necessário para suportar o "metabolismo basal e a atividade ligeira" (FAO 2002,14). Uma ingestão mínima mais adequada parece ser de 2.500 kcal (Badgley e Perfecto 2007, 81).

"potencial de produção de culturas", é possível quase duplicar a quantidade de terra em produção (Bruinsma 2009, 9). Mesmo que algumas destas terras de cultivo sejam marginais e não possam produzir rendimentos tão elevados como os das explorações agrícolas biológicas que utilizam as melhores práticas em solos favoráveis, parece provável que a extensificação - aumento da terra utilizada para a produção de alimentos - poderia facilmente compensar a diferença de rendimento. Por conseguinte, a agricultura biológica parece poder, em princípio, alimentar o mundo. E é provável que também o possa fazer no futuro, desde que haja um esforço concertado para reduzir a utilização de matérias-primas para a produção de biocombustíveis e para afastar os regimes alimentares dos alimentos que consomem muita energia, como a carne.

Uma defesa mais matizada de P(2) baseia-se nas tendências demográficas que projectam um crescimento da população humana entre dois e três mil milhões até 2050 e a necessidade associada de, pelo menos, duplicar a produção alimentar (Foley 2012, 62). Alguns investigadores afirmam que é necessário um aumento de 70% (Bruinsma 2009). Pode argumentar-se que o desafio de aumentar enormemente a produção de alimentos nos próximos 35 anos exigirá a substituição de todas as práticas agrícolas actuais por tecnologias intensivas de aumento da produção, da revolução verde[8] . Isto é particularmente verdadeiro, argumentam os investigadores, dada a necessidade de continuar a reduzir os preços dos alimentos, a fim de melhorar o acesso dos mais pobres a uma nutrição adequada e de reduzir a expansão das terras agrícolas para ecossistemas críticos como as florestas tropicais virgens. No que se segue, pressionarei esta afirmação salientando a forma como os pressupostos éticos sobre a aceitabilidade de certas tendências ou os locais de intervenção adequados estão tacitamente incorporados nas projecções empíricas que são utilizadas para definir as condições em que a agricultura futura terá de satisfazer o critério de suficiência. Em particular, uma vez que as projecções (bem como a nossa situação atual) mostram que uma capacidade de produção suficiente não é suficiente para garantir o alívio da fome, o apoio dos analistas à AI baseia-se geralmente no papel da AI na promoção do crescimento económico. Mas seguir este caminho significa abandonar o argumento da produção e defender a AI com base na sua eficiência económica.

Considere como podemos testar a afirmação de que a AI é a única forma de satisfazer o crescimento projetado da procura de culturas. Primeiro, precisaríamos de operacionalizar o termo "agricultura industrial" em contraste com "agricultura alternativa". Neste caso, será suficiente pensar na AI em termos de algumas das estratégias e tecnologias de gestão mais importantes que impulsionaram

[8] A "Revolução Verde" é um termo utilizado para designar inovações na tecnologia agrícola e nas estratégias de gestão que aumentaram consideravelmente a produção agrícola. Muitos comentadores consideram que houve, de facto, duas Revoluções Verdes, uma no México, com início nos anos 50, e outra na Índia, com início nos anos 60 do século passado. O chamado pai das Revoluções Verdes, Norman Borlaug, foi galardoado com o Prémio Nobel da Paz em 1970 e foi-lhe atribuído o mérito de ter salvo mais de mil milhões de pessoas da fome. As inovações centrais das Revoluções Verdes incluíam variedades de alto rendimento de arroz, milho e trigo. Estas foram divulgadas aos agricultores como parte de um pacote que incluía tecnologias existentes, tais como fertilizantes e pesticidas sintéticos, tecnologia de irrigação em grande escala, maquinaria agrícola melhorada e infra-estruturas globais de transporte.

os enormes aumentos de produção da(s) Revolução(ões) Verde(s). Trata-se, por exemplo, da utilização de grandes quantidades de azoto, fósforo e potássio sintéticos; de pesticidas sintéticos; de híbridos de trigo, arroz e milho de alto rendimento; da tecnologia de irrigação em grande escala, da utilização crescente de grandes máquinas agrícolas; e da monocultura de alta densidade. A agricultura alternativa, para os presentes efeitos, será simplesmente qualquer sistema que não adopte estas tecnologias de aumento de rendimento.

Teríamos então de determinar quantas calorias seriam necessárias para abastecer adequadamente a nossa população máxima projectada de aproximadamente 9,1 mil milhões de pessoas. Naturalmente, os seres humanos precisam de mais do que apenas calorias para sobreviver. Necessitamos de uma vasta gama de vitaminas, minerais e micronutrientes que estão disponíveis de forma diferenciada numa série de alimentos. Além disso, os níveis aceitáveis de consumo de alimentos para os indivíduos não se limitam aos 1.720 a 1.960 kcal por dia necessários para manter o metabolismo basal e a atividade ligeira (FAO 2002, 14). Como um indicador de necessidades nutricionais mais amplas e da preferência por mais do que o número mínimo absoluto de calorias consistente com a sobrevivência, a maioria das discussões sobre agricultura assume que certas tendências de consumo continuarão no futuro. À medida que as nações desenvolvem economias industrializadas, os agentes económicos terão mais capital para gastar em alimentos. Isto traduz-se no consumo de mais produtos alimentares e num aumento do consumo de frutas, legumes, carnes e lacticínios, bem como de artigos de luxo (como o café e o chocolate) e de artigos altamente processados (Msangi e Rosegrant 2009, 4, ver também FAO 2002).

Estas tendências deverão culminar na redução da elasticidade do rendimento da procura de alimentos nos países industrializados: a procura começa a estabilizar-se depois de as populações atingirem um consumo médio de energia superior a 3000 kcal por pessoa e por dia (FAO 2002, 16). Isto deve-se em parte ao facto de as populações ricas deixarem de crescer em número e de o consumo médio de alimentos ser limitado pela "elasticidade do estômago humano" (Alexandratos 2009, 8). Para muitos, isto significa que fornecer às populações pobres alimentos suficientes e a preços acessíveis é, por si só, fundamental para abrandar o crescimento demográfico.

Assim, supondo uma população de 9,1 mil milhões de pessoas com um regime alimentar semelhante ao dos cidadãos dos países industrializados, poderíamos calcular as quantidades de cereais, frutas, legumes, carnes e produtos lácteos e artigos de luxo necessários por pessoa e por ano para atingir o ponto em que a procura se estabiliza em todos os países não industrializados. Uma repartição faseada deste tipo não é crucial neste contexto. Mais importante para os apoiantes da AI é a tendência para aumentar os rendimentos nos sistemas agrícolas em desenvolvimento, dos pequenos agricultores e dos camponeses, através da adoção de tecnologias da revolução verde. Esta tendência poderia produzir rendimentos médios de 3,8 toneladas por hectare até 2050, o que se traduziria em 3.099 kcal disponíveis por pessoa, por dia, aos níveis populacionais projectados (Hillbrand 2009, 17). E em previsões mais optimistas, em que o crescimento económico e a globalização dos mercados livres industrializados deverão avançar mais rapidamente do que entre 1820 e 2005, prevê-se que a inovação agrícola aumente a produtividade por hectare em 0,9% ao ano e que a tecnologia melhorada de armazenamento, processamento e transporte reduza "drasticamente" o desperdício alimentar (Hillbrand 2009, 12). Estas tendências conduziriam a um aumento do rendimento médio de 2,71 toneladas por hectare em 2005 para 4,07 em 2050 e a um aumento de 14,5% da disponibilidade calórica média de 2 800 kcal por pessoa por dia em 2005 para 3 207 kcal por pessoa por dia em 2050 (Hillbrand 2009, 12). Presume-se que a forma como estes aumentos de rendimento são distribuídos pelos diferentes produtos agrícolas e pecuários é determinada pela interação entre as preferências dos consumidores, os custos de produção reflectidos nos preços dos alimentos e os rendimentos per capita (Msangi e Rosegrant 2009, 7).

Com base nestes dados que mostram o potencial de aumento de rendimento de uma maior dispersão e desenvolvimento das tecnologias de IA, há várias vias disponíveis para se chegar à conclusão de que a IA é uma obrigação moral. Todos os caminhos começam com a evidência do poder de aumento de rendimento das tecnologias da revolução verde. E cada uma delas passa por uma especificação das futuras condições de mercado em que a agricultura deve funcionar. Por exemplo, podemos basear-nos em projecções que mostram a persistência da fome em áreas pobres como a África Subsariana, o Sudeste Asiático, a China e a América Central e do Sul, apesar da capacidade de produção suficiente. Neste caso, a AI é entendida como uma componente importante do crescimento económico, que pode proporcionar a estas pessoas o poder de compra necessário para poderem adquirir alimentos suficientes. A AI participa no crescimento económico ao fazer baixar os preços dos alimentos e ao mantê-los baixos através do aumento da produção e da produtividade económica. Isto liberta terra, trabalho e capital do sector agrícola para serem investidos noutras áreas da economia. Nesta versão, a agricultura intensiva contribui de forma decisiva para o crescimento económico dos países em desenvolvimento, que tirará os seus cidadãos da pobreza que restringe o seu acesso aos alimentos.

A necessidade de aumentar a produtividade pode também ser reforçada invocando as projecções sobre a percentagem de matérias-primas agrícolas que serão utilizadas para a produção de biocombustíveis no futuro. A expansão da indústria dos biocombustíveis é amplamente citada como o fator mais importante que causou os aumentos dos preços mundiais dos alimentos no final da década de 2000 (ibid. 2009). Este facto sustenta a posição de que, dada a projeção de que a política e os incentivos governamentais, bem como o aumento dos preços do petróleo, favorecerão a expansão contínua da utilização de matérias-primas e de terras agrícolas por parte desta indústria (mesmo nos casos em que seja desenvolvida tecnologia para converter em combustível a biomassa que não é matéria-prima), só aumentos consideráveis da produtividade na produção de cereais e oleaginosas poderão manter os preços dos alimentos suficientemente baixos para que os mais pobres possam ter acesso às necessidades alimentares mínimas (ibid. 2009). Outros condicionalismos, como a redução das terras agrícolas disponíveis a nível mundial devido às alterações climáticas, às iniciativas de preservação, à urbanização e à degradação dos solos, podem também ser acrescentados para reforçar a necessidade de aumentar a produtividade.

Note-se, no entanto, que ao tomarmos em conta estas considerações futuras, passamos quase indiscutivelmente de falar de produção para falar de produtividade. Isto porque, como já foi referido, a produção não é o único fator determinante do acesso aos alimentos; na verdade, nem sequer é o principal fator determinante; é a pobreza. Uma vez que os mercados cada vez mais globalizados medeiam o acesso das pessoas pobres aos alimentos, a erradicação da subnutrição é supostamente a tarefa do crescimento económico mundial. No entanto, na medida em que projectamos as tendências actuais de consumo, distribuição de rendimentos, crescimento populacional e atribuição de produtos agrícolas por utilização, e restringimos a disponibilidade de terras para a extensificação agrícola, parecemos necessitar de maiores aumentos de rendimento por entrada de trabalho, terra e capital (ver Bruinsma 2009).

As previsões actuais levam às seguintes conclusões: se as tendências actuais se mantiverem como previsto, teremos de aumentar a produção em 50-70% através de a) uma maior extensificação das explorações agrícolas em alguns ou todos os restantes 24% da superfície terrestre mundial que é "até certo ponto adequada para a produção de culturas" (ibid. 2009, 9), e b) aumentar os rendimentos por hectare entre 1 e 1,43% por ano, quer reduzindo as diferenças de rendimento entre os sistemas agrícolas industriais e não industriais através da difusão das tecnologias da revolução verde, quer investindo em novas variedades de culturas e estratégias de gestão que possam continuar a aumentar a produção por unidade de fator de produção.

Mas mesmo as projecções de rendimento e as previsões de crescimento económico no melhor dos cenários deixam entre 409 e 427 milhões de[9] pessoas subnutridas em 2050, principalmente na África Subsariana (Hillbrand 2009, 12). Isto apesar do facto de se prever que a utilização de cereais (principalmente milho) na produção de biocombustíveis seja igual ao consumo total de cereais no mundo em desenvolvimento até 2020, mantendo-se depois ou diminuindo à medida que a segunda geração de biocombustíveis não alimentares se torna económica e tecnologicamente viável (Fischer et. al. 2009, 12). E prevê-se que o aumento do consumo de carne entre as nações mais ricas exija um acréscimo de 384 milhões de toneladas por ano só de milho até 2050, cerca de 80% do aumento total estimado de 480 milhões de toneladas por ano em relação aos níveis de 2005/07 (Bruinsma 2009, 4-6), contribuindo para um aumento dos preços dos cereais de 30-50% em relação aos máximos de 2008 (Msangi e Rosegrant 2009, 2).

A razão pela qual passamos subtilmente de falar de produção para falar de produtividade tem a ver, em parte, com o facto de que produzir alimentos suficientes ao nível da produção agrícola agregada de vários produtos alimentares não é, por si só, suficiente para erradicar a fome. São necessárias

[9] Estas estimativas variam muito de acordo com os diferentes pressupostos que entram num modelo. De particular importância são os picos populacionais projectados, as diferentes taxas de crescimento económico, as diferentes distribuições de rendimento projectadas e as alterações na relação entre o PIB per capita e o consumo per capita (ver Hillbrand 2009 para uma análise destas variáveis). Hillbrand (2009) prevê que o número de pessoas subnutridas nos países em desenvolvimento possa descer para 370 milhões até 2050, desde que o ritmo de crescimento económico se mantenha elevado (22). Para os nossos objectivos, os números específicos não são importantes.

alterações em todo o sistema alimentar, que por sua vez está relacionado, através dos mercados económicos, com a produção e o consumo de uma grande variedade de outros produtos. Assim, a IA parece ser uma condição necessária para minimizar a pobreza e a fome apenas na medida em que aceitamos os preços como o mediador final do acesso aos alimentos, e o funcionamento de um sistema de mercado relativamente livre como um meio moralmente aceitável de distribuição de alimentos. Mas isto leva-nos muito para além do âmbito de P(2). A inferência de que a AI é única na sua capacidade de suprir a procura pressupõe que os níveis de produção moralmente aceitáveis devem acompanhar uma série de tendências moralmente questionáveis: desigualdade generalizada e persistente na distribuição do rendimento e dos alimentos, composição da dieta e afetação da tecnologia agrícola; grandes volumes - até 30% da produção total - de desperdício alimentar (Foley 2012, 65); elevadas taxas de crescimento populacional (especialmente nas nações mais pobres); enormes desvios de cereais para a produção de biocombustíveis; entre outras coisas. Parece natural para muitos supor que a industrialização (incluindo a adoção de IA) é fundamental para garantir que estas tendências não resultem em fome. Mas não é imediatamente claro por que razão devemos preferir, por razões morais, o funcionamento do capitalismo industrial a, digamos, esforços maciços de redistribuição direcionada, particularmente quando não se prevê que o primeiro resolva os problemas da pobreza e da fome apesar da capacidade de produção suficiente e da riqueza global.

Consideremos as seguintes observações sobre as previsões de pobreza:

> O investigador parte de um conjunto de pressupostos sobre os principais motores do crescimento, utiliza um modelo que relaciona estes factores com os resultados económicos e produz projecções que se presume fazerem parte de um conjunto de resultados plausíveis. O pressuposto de que a distribuição no interior do país é imutável é também um pressuposto frequentemente utilizado nas previsões a longo prazo... principalmente porque existe pouca base científica para prever alterações a longo prazo e porque o trabalho empírico existente sobre o assunto apresenta resultados tão divergentes... Os rácios do consumo em relação ao PIB também podem mudar por razões económicas endógenas ou devido a decisões políticas, mas neste documento assume-se que permanecem constantes (Hillbrand 2009, 9-10).

Suponhamos agora que, depois de construirmos um modelo, com base num conjunto de pressupostos que incluem os dois importantes acima referidos (ou seja, que os rácios de distribuição do rendimento se manterão consistentemente desiguais e que a afetação do PIB dos países ao consumo interno se manterá estável), concluímos que é necessário x% do crescimento económico global por ano para aliviar a pobreza extrema e a fome. Podemos ser tentados a interpretar o resultado normativo nos seguintes termos gerais: "Um colapso do sistema capitalista mundial..., ou mesmo um afastamento gradual do sistema que tanto fez para reduzir a pobreza global nos últimos dois séculos seria desastroso", sendo que a recomendação mais específica é tentar alcançar as taxas de crescimento projectadas para aliviar a pobreza extrema (Hillbrand 2009, 20). O problema, neste caso, é que tudo o que o modelo diz é que, assumindo que um determinado conjunto de condições se mantém, a pobreza abjecta e a fome que ela provoca serão melhoradas num grau x enquanto se mantiver um crescimento de x%. Para utilizar o modelo de forma normativa (como instrumento político, por exemplo), não basta que seja corroborado com dados históricos, novas medições ou outros modelos. Em vez disso, precisamos de determinar quais são os locais de intervenção adequados. Mas, como vimos, a invocação do critério de suficiência por P(2) não diz nada sobre as condições distributivas específicas sob as quais um sistema agrícola moralmente aprovável deve funcionar, nem sobre os factores de produção importantes que deve minimizar.

É fácil cair na armadilha de pensar que um bom modelo, com muitas variáveis e bem corroborado, dá uma imagem exacta dos condicionalismos a que um sistema agrícola moralmente aceitável terá de obedecer no futuro. No entanto, os sistemas económicos não são como os sistemas físicos ou biológicos, cujo desenvolvimento depende das propriedades dos seus componentes que interagem ao longo do tempo de forma determinística. Os sistemas económicos são constituídos por pessoas e instituições que podem mudar devido a uma grande variedade de factores. Na medida em que estes factores envolvem centralmente as nossas deliberações e escolhas morais, os modelos não precisam de se desenvolver como projetado se decidirmos que não o devem fazer e empreendermos intervenções inteligentes. A implicação disto para o argumento da produção é que o aumento drástico da produção, suficiente para suprir as necessidades projectadas pelos modelos em análise, se torna um constrangimento moral que favorece a AI apenas enquanto determinarmos que os locais de intervenção apropriados para aliviar a fome se situam principalmente ao nível do produtor. Isto significa aprovar tacitamente as várias tendências distributivas que fazem com que as pessoas passem fome em condições em que são produzidos alimentos suficientes para as alimentar. Esta é, a meu ver, uma posição manifestamente indefensável que nenhum economista que se preze apoiaria. É um exemplo clássico de uma falha de mercado.

A linguagem da "produtividade", porém, desloca o foco da produção agregada para a eficiência. Neste caso, como veremos em pormenor mais adiante, o pressuposto é que as práticas agrícolas que convertem inputs dispendiosos em outputs valiosos a uma taxa mais elevada são melhores porque, mantendo-se tudo o resto igual, todos temos acesso a mais bens do que teríamos com um conjunto de práticas menos produtivas e deixamos mais recursos valiosos para serem afectados à produção futura ou a outras utilizações. A IA é mais produtiva porque, efetivamente, produz os alimentos mais baratos, em que a minimização do preço é considerada um bom indicador da minimização da utilização de recursos valiosos como a terra, o trabalho e o capital. Assim, o argumento da produção, para ser uma posição moralmente defensável, requer esta elaboração que se baseia em noções de eficiência. É para um desenvolvimento deste argumento, tal como extraído dos escritos de Thomas DeGregori, que me dirijo agora.

1.4O Argumento da Eficiência

A argumentação de Degregori a favor da AI pode ser entendida através do seguinte argumento:

Premissa (1): Fornecer alimentos suficientes e de boa qualidade a um preço acessível para os mais pobres e vulneráveis é um requisito moral para a agricultura (ou seja, o critério da suficiência) (DeGregori 2001, 184).

Premissa (2): A agronomia industrializada provou ser capaz de desenvolver tecnologias para resolver problemas de escassez alimentar projectados muitas vezes no passado, ajudando a levar "a população a seis mil milhões de pessoas que vivem mais tempo, estão mais bem alimentadas e têm melhor saúde do que nunca" (DeGregori 2004a, 127).

Premissa (3): A agricultura industrializada é o meio mais eficiente de produção alimentar disponível.

Premissa (4): Mas a cessação das práticas agrícolas industrializadas levaria à incapacidade de proporcionar acesso a alimentos suficientes para uma população humana em crescimento (DeGregori 2004b, 504), ao mesmo tempo que exigiria a conversão de mais terras para a produção agrícola (DeGregori 2001, 157).

Conclusão: por conseguinte, a nossa primeira responsabilidade moral em matéria de agricultura é a de difundir e desenvolver os conhecimentos e as tecnologias do sistema industrializado.

O argumento é, tal como o interpreto, consequencialista em espírito. A lógica do argumento consiste em justificar os meios, a agronomia industrializada, devido à sua excecional eficiência e avanço tecnológico, como sendo a única capaz de assegurar (a) as nossas necessidades calóricas e nutricionais humanas mais básicas, de tal forma que (b) podemos reduzir factores de produção valiosos como o trabalho, a terra e o capital. O argumento, portanto, depende de duas outras premissas implícitas para ser válido:

(5) Não existe qualquer alternativa ao sistema agrícola industrial que possa simultaneamente alimentar o mundo e obter mais benefícios ou reduzir os danos; em parte, porque nenhum outro sistema agrícola envolve uma tecnologia tão eficiente e conhecimentos tão avançados; e

(6) Se a agronomia industrial é a melhor opção para alimentar o mundo e, ao mesmo tempo, atenuar os seus efeitos nocivos, então temos a obrigação de apoiar o seu avanço científico e tecnológico.

De facto, considero que estas outras premissas são o impulso implícito das premissas (2)-(4). Isto porque o objetivo destas premissas, apoiadas pela explicação cuidadosa de DeGregori sobre os avanços científicos e tecnológicos na agricultura industrial, como a invenção da tecnologia de síntese do azoto em conjunto com a ciência do solo, é mostrar como a agronomia moderna tem sido o fator decisivo que permitiu que a nossa população se expandisse tão dramaticamente, ao mesmo tempo que melhorou a ingestão média mundial de calorias e nutrientes vitais, melhorou a saúde pública e reduziu a terra cultivada. É para uma exploração mais pormenorizada deste argumento que me dirijo agora.

1.5 P(1) e o Humanismo Económico

Comecemos por considerar brevemente como se pode justificar o critério da suficiência. Para DeGregori, os valores da suficiência e disponibilidade alimentar derivam diretamente de uma preocupação com o bem-estar humano e os direitos humanos básicos. Isto aparece em todo o trabalho de DeGregori como uma preocupação com as políticas e práticas que podem impedir que os "povos mais vulneráveis do mundo" tenham acesso a uma nutrição adequada e proteção contra danos através de iniciativas e regulamentos razoáveis de saúde pública (DeGregori 2001, viii; mas ver também DeGregori 2004a, DeGregori 2004b, DeGregori 2004c, DeGregori 1998, e DeGregori 1978). DeGregori, ao defender estes valores, está amplamente alinhado com os elementos centrais das perspectivas humanista (DeGregori 2004a, xi), modernista (DeGregori 2000, 201), democrática e liberal.

O humanismo liberal de DeGregori pode ser entendido, penso eu, como uma perspetiva que incorpora preocupações éticas que podem ser explicadas através de quadros éticos utilitaristas e deontológicos. Uma boa representação destas preocupações aparece no livro de William F. Baxter, *People or Penguins: The Case for Optimal Pollution* (1974). Neste livro, Baxter apresenta quatro princípios fundamentais que considera serem "os critérios de teste fundamentais na tentativa de encontrar soluções para os problemas da organização humana" (citado em Williston2012, 111). Estes são:

(1) "cada pessoa deve ser livre de fazer o que quiser em contextos em que as suas acções não interfiram com os interesses de outros seres humanos...

(2) O desperdício é uma coisa má. A caraterística dominante da existência humana é a escassez - os nossos recursos disponíveis, o nosso trabalho agregado e a nossa capacidade de os empregar sempre foram, e continuarão a ser, inadequados para proporcionar a cada homem todas as satisfações tangíveis e intangíveis que ele gostaria de ter. Por conseguinte, nenhum desses recursos, ou trabalho, ou competências, deve ser desperdiçado - isto é, empregue de modo a render menos do que poderia render em satisfações humanas.

(3) Cada ser humano deve ser considerado como um fim e não como um meio a ser utilizado para o melhoramento de outro. Cada um deve ser dignificado e considerado como tendo direito absoluto a uma aplicação equitativa das regras que a comunidade pode adotar para a sua governação.

(4) Tanto o incentivo como a oportunidade de melhorar a sua quota-parte de satisfações devem ser preservados para cada indivíduo. A preservação do incentivo é ditada pelo critério do "não desperdício" e desaconselha a redistribuição contínua e totalmente igualitária das satisfações, ou da riqueza, mas, sujeita a essa restrição, todos devem receber, através de uma redistribuição contínua se necessário, uma parte mínima da riqueza agregada, de modo a evitar um nível de privação a partir do qual a oportunidade de melhorar a sua situação se torna ilusória" (ibid. 111-12).

É esta orientação de valores, penso eu, que leva DeGregori a afirmar a importância da suficiência e acessibilidade alimentar para a agricultura. Como vimos que o acesso a uma alimentação adequada não é garantido por uma produção suficiente, a forma como o direito dos indivíduos a uma alimentação adequada se traduz em obrigações para os produtores ainda não é clara. No entanto, dado que a mão de obra, a terra e o capital, entre outros recursos, que são atribuídos à agricultura não estão disponíveis para criar riqueza através de outros empreendimentos económicos, a injunção contra o desperdício acima referida parece implicar que a minimização destes factores de produção por unidade de produção alimentar é uma obrigação que recai sobre os produtores agrícolas. O facto de a AI estar melhor posicionada para o fazer é o ponto da próxima premissa do argumento de DeGregori.

1.6 P(2) e o legado da Revolução Verde

Para DeGregori, a história da agricultura desde a revolução industrial, e particularmente com a revolução verde, mostra claramente a capacidade única da agricultura industrial para atingir o objetivo da suficiência e disponibilidade alimentar, dando assim credibilidade moral a este sistema agrícola (DeGregori 2001, 196). .

O desenvolvimento da ciência e da tecnologia agrícolas, iniciado com a revolução industrial e concretizado com a Revolução Verde, tem um historial estatístico inegavelmente impressionante:

> Só o aumento dos rendimentos da revolução verde no arroz foi suficiente para alimentar mil milhões de pessoas. O aumento dos rendimentos representa 92% do aumento da produção mundial de cereais desde 1960 (Frisvold, Sullivan e Raneses 1999). A média mundial de rendimento de cereais por hectare passou de 1,1 toneladas em 1950 para 2,9 toneladas em 1992 (Conko e Smith 1999, in DeGregori 2001, 157).

Este facto deu origem aos seguintes desenvolvimentos:

> Entre 1961 e 1994, o número de calorias alimentares diárias per capita aumentou de cerca de 1.900 para 2.600 nos países em desenvolvimento, enquanto as suas populações quase duplicaram de 2,2 mil milhões para mais de 4,3 mil milhões. Globalmente, no mesmo período, a oferta média diária de alimentos per capita aumentou mais de 20%. O aumento das calorias disponíveis per capita nos países em desenvolvimento aumentou 50% entre 1948-1952 e 1994-1996 (Johnson 2000, 12). Uma tendência centenária de queda dos preços reais dos produtos alimentares prosseguiu durante o período de 1950-1992, com os preços internacionais dos produtos alimentares a caírem 78% a preços constantes de 1990 (Goklany 1999, 108; Goklany 2000, 161; in DeGregori 2001, 157-8).

Estes foram os principais factores que contribuíram para a melhoria da pobreza, como aconteceu na Índia, que registou uma diminuição de 20% nas taxas de pobreza absoluta, de 55% antes de 1970 para 35% em 1990 (IFPRI 1999; Wood 1998; in DeGregori 2001, 159).[10] Estes desenvolvimentos foram também a força motriz por detrás de uma redução do número absoluto de pessoas subnutridas de 127 milhões, que se registou entre 1969 e 1997, de 917 milhões para 790 milhões, enquanto a população mundial duplicou (Goklany 2000, 161; UNFPA 1999, 3; FAO 1999; in DeGregori 2001, 159).

---

[10] Os rendimentos agrícolas mais elevados da Revolução Verde foram favoráveis aos pobres, na medida em que "reduziram a pobreza absoluta na Índia rural, tanto pelo aumento da produtividade dos pequenos agricultores como pelo aumento dos salários agrícolas reais". Estes benefícios não se limitaram "às pessoas próximas do limiar de pobreza - os mais pobres também beneficiaram" (Ravallion e Datt 1995). Devido à eficácia da tecnologia agrícola, o crescimento económico não teve de ser sacrificado para que houvesse benefícios para os pobres, uma vez que 'não havia sinais de compromissos entre o crescimento e a distribuição a favor dos pobres'" (Datt e Ravallion 1996; in DeGregori 2004b, 506)

DeGregori considera que o avanço da tecnologia agrícola industrial contribuiu de forma decisiva para o facto de que "[d]urante o século XX, a esperança média de vida no mundo mais do que duplicou, passando de trinta anos para mais de sessenta e seis anos" (McFalls 1998; in DeGregori 2001, 185) e que "para muitos países desenvolvidos 'a probabilidade de sobrevivência dos 0 aos 60 anos é agora maior do que era a probabilidade de sobrevivência dos 0 ao 1 ano em 1900'" (Castles 1998; in DeGregori 2001, 184). Em suma, a ciência e a tecnologia agrícolas industriais têm sido uma peça crucial da luta moderna para garantir o direito positivo básico de todos os seres humanos a uma nutrição adequada e para melhorar a qualidade da vida humana através do acesso a géneros alimentícios seguros, de alta qualidade e variados. A este respeito, pensa DeGregori, as estatísticas falam por si. Salvar e prolongar vidas humanas é uma vitória moral inegável e, na medida em que a agricultura industrial tem sido uma parte fundamental dos esforços modernos que o conseguiram, merece o nosso respeito e lealdade moral.

1.7 P(3): Produtividade e eficiência alocativa

O principal desafio na compreensão e defesa da premissa (3) é o facto de o conceito de "eficiência" ser normativamente carregado e altamente contestado. A celebração por DeGregori da eficiência das práticas de AI, juntamente com a sua defesa da suficiência e acessibilidade alimentar como normas fundamentais para a agricultura, esconde um alinhamento implícito com o que Paul Thompson chama de *produtivismo.* O produtivismo, de acordo com Thompson, é o ponto de vista de que a "produção eficiente de alimentos e fibras é considerada um critério necessário e suficiente para avaliar a ética da agricultura" (Thompson 1995, 48).

Para compreender esta afirmação, é importante entender a distinção entre eficiência *produtiva* (ou *produtividade*) e eficiência *alocativa.*[11] A produtividade é uma medida da "taxa a que os inputs dispendiosos são convertidos em outputs valiosos" (ibid. 105). A eficiência produtiva só aumenta se a) os valores da produção permanecerem estáveis enquanto os valores dos factores de produção diminuem, ou b) os valores da produção aumentarem enquanto os factores de produção permanecerem estáveis (ibid. 105). Assim, os aumentos de produção não são equivalentes a aumentos de produtividade, e *os aumentos de produtividade dependem do que é considerado um fator de produção ou um produto valioso e do valor de cada um deles em relação aos outros.* Os valores dos factores de produção primários representados em termos de dinheiro e de mão de obra produzirão uma medida de produtividade diferente dos valores dos factores de produção representados em termos de terra e de

[11] Na literatura económica agrícola, a "eficiência económica" é por vezes dividida em três partes: eficiência técnica, que se correlaciona com aquilo a que chamo "produtividade"; eficiência de custos, que se refere à capacidade dos produtores para minimizar os custos, mantendo ou aumentando a produção; e eficiência alocativa, que mede a capacidade de resposta dos produtores aos sinais de preços à luz do seu comportamento de compra e das suas opções de produzir os seus próprios factores de produção em vez de os comprar. Ver Slade e Hailu (2014) ou Fischer et. al. (2009) para especificações mais técnicas. Para os nossos propósitos, a distinção entre eficiência de custos e eficiência alocativa é discutível, uma vez que a raiz normativa de ambas é a maximização do lucro económico através da manipulação dos factores de produção e dos investimentos de acordo com os sinais do mercado.

recursos ambientais; do mesmo modo, os valores da produção representados em termos de produtos vendáveis produzirão uma medida diferente dos valores representados em termos de qualidade ambiental.

Por conseguinte, a medição da produtividade de um sistema agrícola requer que um analista identifique e avalie os inputs e outputs de um sistema, a fim de medir a taxa a que uma determinada quantidade de inputs produz uma determinada quantidade de outputs. As alterações no sistema, como a introdução de novas tecnologias, que aumentam a taxa a que uma dada quantidade de factores de produção produz resultados, tornam o sistema mais produtivo. Mas qualquer prática de produção tem muitos inputs e outputs, nem todos os quais fazem parte de uma determinada medida de produtividade. O número de pancadas das asas de um polinizador não parece ser um fator de produção que valha a pena medir ou minimizar. Mas quais são os critérios de relevância em ação neste caso?

Para os economistas, os factores de produção importantes para as medidas de produtividade são geralmente os mais escassos e procurados num determinado contexto económico, que, pelo menos para os maiores produtores mundiais, o Canadá, os EUA e a Austrália, são geralmente a mão de obra, a terra e o capital (Thompson 1995, 107; Sagoff 2008, 94). No entanto, a invocação da escassez e da procura aponta para uma medida comum mais geral de produtividade: "a taxa a que inputs *dispendiosos* são convertidos em outputs *valiosos*" (itálico meu, Thompson 1995, 105); ou, por outras palavras, a taxa a que inputs com um determinado valor económico podem ser transformados em outputs de maior valor económico (Sagoff 2008, 96). Uma vez que as batidas das asas da abelha não têm preço num mercado real, são irrelevantes para as medidas de produtividade.

Os principais produtos comercializáveis da agricultura são os alimentos e as fibras, e os factores de produção dispendiosos são a mão de obra, os recursos naturais (como a terra, o estrume e os combustíveis fósseis) e a tecnologia (como os fertilizantes sintéticos, os pesticidas, as sementes hibridizadas/transgénicas e a maquinaria). O facto de estes serem os inputs e outputs da agricultura é determinado pelo facto de existirmos num sistema económico em que estes itens são escassos e procurados, pelo que são valorizados e trocados de acordo com uma medida comum: dólares. Na medida em que um desses itens se torna mais escasso ou mais procurado e, portanto, mais caro, uma prática de produção será mais produtiva se puder minimizar o uso desse insumo. Foi precisamente assim que as medições da produtividade no mundo desenvolvido passaram a centrar-se na minimização do trabalho, em particular.

Os comentadores consideram frequentemente que o conteúdo normativo da produtividade é uma injunção contra o desperdício (Thompson 1995, 108; Williston 2012, 111; DeGregori 2004a, 130). A lógica de senso comum para aumentar a produtividade é que os recursos valiosos são conservados, talvez no interesse de uma maior capacidade de produção, ou para o benefício das gerações futuras, ou para diminuir a carga sobre a natureza. No entanto, a expressão "recursos valiosos", aqui, e a referência a bens sociais, é reveladora. Uma injunção contra o desperdício só é significativa quando se associam valores a determinados inputs e outputs e se fornece um método para os ponderar em relação a outros.

Sem uma razão para nos preocuparmos com um determinado fator de produção, não é claro por que razão nos deveríamos preocupar em obter mais com menos. Sem uma forma sistemática de determinar o valor relativo dos inputs e dos outputs, não temos forma de navegar pelas soluções de compromisso nem de medir o desperdício dos processos de produção multifactoriais. Isto significa que, embora sejam possíveis medidas de produtividade desinteressadas e baseadas na quantidade, a produtividade só nos impõe uma reivindicação normativa - ou seja, é uma *injunção* contra o *desperdício* - quando os inputs e os outputs recebem valores que reconhecemos em comum como legítimos e quando temos uma forma sistemática de comparar esses valores. Penso que a produtividade, enquanto conceito económico que favorece decisivamente a IA, obtém a sua força normativa do conceito neoclássico de eficiência alocativa.

A eficiência alocativa é utilizada principalmente como um instrumento descritivo, referindo-se a uma distribuição social de bens segundo a qual todos os bens são utilizados da forma mais valorizada (Thompson 1995, 106). A economia neoclássica equipara a eficiência alocativa às distribuições num mercado livre, com base em 5 pressupostos simplificadores sobre os agentes económicos: 1) que fazer escolhas racionais é um procedimento de otimização de acordo com o qual um indivíduo se envolve em cálculos de risco vs. recompensa; 2) que os indivíduos podem fazer escolhas racionais e não fazer escolhas racionais. recompensa; 2) que os indivíduos podem classificar as suas preferências de forma consistente e hierárquica e que essas preferências permanecem fixas; 3) que os indivíduos têm acesso a todo o conhecimento relevante sobre as opções disponíveis e os resultados prováveis dessas acções no contexto de escolhas específicas; 4) que os indivíduos agem de forma economicamente racional, sendo que um indivíduo é economicamente racional apenas no caso de agir de forma a satisfazer as suas preferências mais bem classificadas com a maior probabilidade de sucesso, dadas as opções disponíveis numa determinada situação; e 5) que a disponibilidade para pagar (WTP) é um indicador adequado das preferências (ibid. 1995, 96-8).

Os mercados livres são mais eficientes por definição, porque os agentes económicos só efectuam transacções se for do seu interesse. É do seu interesse transacionar apenas quando têm mais bens do que precisam para satisfazer alguma(s) preferência(s) e menos do que precisam para satisfazer outras. Assim, a afetação de bens que resultará do comércio livre satisfaz melhor os interesses de todos por definição. Esta afetação é designada por "ótimo de Pareto", o que significa que "não é possível reorganizar a atividade de produção e de consumo de modo a que pelo menos uma pessoa fique em melhor situação, a não ser que fique um ou mais indivíduos em pior situação" (Freeman 1998, 47).

Crucialmente, os pressupostos anteriores não se destinam a fornecer boas previsões de como qualquer indivíduo irá agir, uma vez que são radicalmente simplificadores, mas sim a prever padrões de escolha que irão emergir ao nível de um sistema económico (Thompson 1995, 97; Sagoff 2008, 80-3). Como tal, os pressupostos que enquadram o conceito de eficiência alocativa podem ser úteis para os agricultores preverem os resultados de mudanças políticas, inovações tecnológicas, flutuações de preços, ou similares, mas não dizem nada em defesa das escolhas para adotar modos de produção de IA.

No entanto, a eficiência alocativa também tem uma conotação normativa generalizada, evidente nos movimentos de desregulamentação dos mercados em todo o mundo. Esta dimensão normativa, muitas vezes implícita, é evidente no trabalho de DeGregori de duas formas importantes. A primeira, mais subtil, é o pressuposto de que a mão invisível é um guia adequado para a tomada de decisões dos agricultores. Este pressuposto aparece nos escritos de DeGregori como uma imagem acrítica da prática agrícola como sendo regida por sinais de mercado. A imagem padrão do processo de decisão de um agricultor é a seguinte:

> As estratégias predominantemente biológicas de proteção das culturas serão mais intensivas em mão de obra e podem exigir despesas em dinheiro para pagar a alguém que monitorize a infestação de insectos (o chamado scouting). O agricultor pode escolher uma variedade que, devido à densidade de produção, ao padrão de cultivo ou às caraterísticas genéticas, necessite de proteção química para obter o máximo benefício. Esta será uma decisão económica e só será tomada se o custo do tratamento da cultura com produtos químicos for inferior ao valor de mercado da perda esperada da cultura sem a utilização de pesticidas, e se a produção líquida menos todos os custos dos factores de produção for superior às variedades alternativas, aos padrões de cultura ou à proteção das culturas (Oerke 1994, 39; in DeGregori 2001, 142).

Esta aceitação das realidades económicas da produção agrícola moderna é partilhada pelos próprios produtores industriais: "Não somos guiados por conceitos ideológicos, pelo politicamente correto ou por convicções ambientais; somos guiados pelo mercado. Os agricultores respondem sempre aos incentivos do mercado e produzirão alimentos suficientes utilizando combinações de métodos convencionais e biológicos para maximizar os seus rendimentos líquidos individuais" (Hendrix 2007, 85; in Badgley 2007). O conteúdo normativo implícito, aqui, é que o procedimento de maximização da tomada de decisões económicas é normal e aceitável como guia para as decisões agrícolas dos agricultores.

A segunda forma, menos subtil e mais específica, pela qual a eficiência alocativa assume um significado normativo para a agricultura é a) através de argumentos segundo os quais a adoção de tecnologias de IA pelos agricultores é a prova de que estas tecnologias produzem ganhos de bem-estar e, por isso, são corretas e boas, e b) através de argumentos que sublinham o valor de aumentar a escolha do consumidor através da redução dos preços dos alimentos, tanto em termos de opções disponíveis na mercearia como em termos de atribuição de mais recursos à satisfação de outras preferências. O primeiro pressuposto, no trabalho de DeGregori, é mais ou menos assim:

> Independentemente da forma como formulam as suas críticas à revolução verde, ... os críticos não podem [sic] evitar a implicação de que os agricultores são estúpidos. Só no que diz respeito às variedades de alto rendimento de arroz, os agricultores que adoptaram o pacote da revolução verde e que plantam variedades de alto rendimento há décadas são centenas de milhões... Com centenas de milhões de agricultores em muitas culturas diferentes em todo o mundo, que formas de coerção poderiam tê-los forçado a esta forma de atividade agrícola e depois obrigá-los a continuar numa prática tão contrária aos seus interesses? Será que são simplesmente estúpidos e precisam que as ONG dominadas pelos brancos e brancos do norte lhes mostrem a luz e os protejam da sua própria ignorância (DeGregori 2004a, 129)?

Por outras palavras, uma vez que os indivíduos conhecem melhor os seus interesses, ou estão, pelo menos, em melhor posição para decidir quais são através de tentativa e erro, e uma vez que os indivíduos têm um interesse legítimo em promover o seu próprio bem-estar, as suas escolhas no mercado, desde que não sejam coagidas, reflectem a melhor utilização (porque livremente mais valorizada) dos bens do mercado.

É importante ter em conta, no entanto, que enquanto os defensores da AI se apoiam frequentemente na economia neoclássica, DeGregori não é um ingénuo defensor do mercado livre. Pelo contrário, DeGregori é um acérrimo defensor da escola institucional de economia; particularmente do ramo pragmatista, na tradição de John Dewey, Thorstein Veblen, Clarence Ayers e Walton H. Hamilton. De seguida, exploro os elementos desta tradição intelectual relevantes para o argumento em causa. Por agora, porém, é importante notar que esta escola de economia se opõe à economia neoclássica, na medida em que o neoclassicismo a) se divorcia dos inquéritos sociológicos e antropológicos sobre a evolução das várias instituições sociais e políticas em que os mercados económicos estão inseridos,[12] b) faz suposições demasiado simplistas sobre a motivação e o comportamento humanos, e c) associa o progresso apenas ao crescimento económico (Greenwood e Holt 2008; Hamilton 1919; Zimbauer, 2001). Enquanto empreendimento explicativo e preditivo, a economia institucional está interessada em compreender e controlar a atividade económica de forma muito mais abrangente do que com as teorias e modelos mais minimalistas e simplificadores da economia neoclássica (Bush 1983, 35; Zimbauer 2001).

Apesar destas diferenças gerais entre as duas escolas de pensamento, a argumentação de DeGregori nem sempre se afasta muito dos pressupostos normativos centrais da economia clássica dominante. Em alguns casos, não os contesta, enquanto noutros os apoia implícita ou explicitamente. A diferença normativa crucial na conceção de eficiência alocativa de DeGregori, como veremos mais adiante, é que a AI não só é mais eficiente quando a sua eficiência é medida em termos de bens e serviços que têm um preço, mas também é mais eficiente na medida em que está melhor posicionada para fornecer tecnologia que aumenta a produtividade, ao mesmo tempo que atenua externalidades ambientais cruciais que são deixadas de fora das medidas de produtividade neoclássicas.

Os principais pressupostos normativos partilhados por economistas neoclássicos e institucionais como DeGregori, que resultam no seu apoio a algo como a eficiência alocativa como objetivo social da agricultura, e que conferem força normativa às medidas de produtividade económica parecem ser os seguintes (a) que, para além dos direitos e liberdades humanos básicos, as diferenças substanciais nas perspectivas morais dos indivíduos são demasiado espinhosas para constituírem uma base praticável para a política social ou são diferenças aceitáveis em condições de pluralismo moderno; (b) que uma agregação das preferências individuais nos dá uma medida viável e objetiva dos valores sociais predominantes; e (c) que as intervenções no mercado, para além de libertarem as instituições públicas de desigualdades grosseiras e de corrigirem falhas críticas do mercado, são excessivamente paternalistas, uma vez que podem alterar artificialmente a capacidade dos indivíduos para acederem a bens e serviços valiosos.

---

[12] São, por exemplo, "as convenções da concorrência, do contrato, da propriedade, da herança, da distribuição de oportunidades que fazem com que os rendimentos sejam o que são" (Hamilton 1919, 314).

No que diz respeito à alínea a), considero-a como um alinhamento com a opinião de que a forma adequada de proporcionar os meios para alcançar as concepções de vida boa dos indivíduos é através de medidas políticas que promovam um mercado económico que funcione corretamente, bem como o investimento público na inovação científica e tecnológica no interesse do aumento do bem-estar público. Esta é uma posição fundamentalmente política, que está amplamente alinhada com uma visão utilitarista da vida boa, restringida por uma definição deontológica das limitações mínimas da ação humana. Pode ser caracterizada como amplamente utilitarista porque, dentro de limites, o critério final para a bondade ou maldade da vida de um indivíduo é a felicidade ou satisfação subjectiva que ele obtém dela (Freeman 1998, 46). (a) é utilitarista ao mesmo tempo que é pluralista e democrática: a noção fundamental é que os indivíduos são os árbitros finais do que conta como uma vida feliz e satisfatória para eles e que, portanto, a política social deve, dentro dos limites estabelecidos pelas condições de oportunidade significativa dos outros, maximizar a medida em que todos são capazes de alcançar o seu bem-estar individual.[13]

As noções morais substantivas também estão subjacentes a (b) e (c). Em apoio de (b) está a noção de que os mercados são capazes de fornecer as estruturas sociais e os bens necessários para viver uma vida feliz e satisfatória; isto é, por um lado, que os mercados devidamente organizados devem orientar a atividade de todos de modo a satisfazer as preferências básicas de cada um e, por outro, que quaisquer bens ou actividades que não estejam disponíveis nas estruturas de mercado, quer para compra quer para emprego remunerado, podem ser conseguidos fora das estruturas de mercado, utilizando meios económicos. Por exemplo, uma vida familiar feliz não pode ser comprada ou vendida, mas pode ser facilitada pelos bens e serviços materiais fornecidos pelos mercados. A ideia, neste caso, é que os mercados, quando corretamente estruturados, atribuem bens de acordo com a sua utilização mais valiosa. E, em condições de liberdade individual suficiente, as atribuições que daí resultam são voluntariamente escolhidas com base na procura informada e racional do bem-estar subjetivo dos indivíduos, quer se trate de bens como fins em si mesmos ou como meios para formas de satisfação não mercantis. Assim, as atribuições de bens existentes ou as expressões dos interesses económicos dos indivíduos são bons indicadores de objectivos sociais, uma vez que indicam as condições económicas que permitem aos indivíduos alcançar a sua conceção de vida boa.

(c) é um corolário de (b), que se centra no valor de um domínio sólido de autonomia individual. Diz que as afectações mais eficientes serão sempre melhores, uma vez que permitem aos indivíduos

---

13 Uma vez que DeGregori é um pragmatista, devo ter cuidado para não ser interpretado como um utilitarista ou um deontologista. Atribuo-lhe os valores políticos fundamentais aqui delineados apenas como reivindicações relativas aos valores económicos mínimos sujeitos a algo como o "consenso sobreposto" de Rawls.

aumentar o seu bem-estar. Politicamente, isto significa que os governos são moralmente obrigados a aumentar a eficiência do mercado, corrigindo as suas falhas, mas também a abster-se de intervir em transacções livres que não são realizadas devido a desequilíbrios de poder ou coerção, mentiras ou manipulação, falta de informação relevante, etc. Na medida em que a industrialização das práticas agrícolas resulta de mercados que funcionam corretamente, a afetação de bens e práticas de produção daí resultante indica um ganho líquido de bem-estar, quaisquer que sejam as especificidades de acordo com as concepções de vida boa dos indivíduos. Os regulamentos que, por exemplo, criam artificialmente a escassez de um determinado bem - por exemplo, maquinaria industrial - a fim de promover uma visão abrangente do bem-viver - por exemplo, a agricultura tradicional - são formas de paternalismo que i) infringem as esferas legítimas de liberdade dos indivíduos para definirem o seu próprio bem-estar, e ii) correm o risco de prejudicar desigualmente os menos favorecidos, fazendo subir o preço dos bens fundamentais e restringindo assim o seu poder de compra (ou seja, o poder de satisfazer as preferências).

O resultado destes pressupostos é que a eficiência alocativa aparece como um objetivo político substantivo, e a política pública, para além do estabelecimento de direitos constitucionais e estruturas reguladoras para evitar falhas de mercado, é vista como a melhor resposta às preferências individuais agregadas. Ora, se virmos a eficiência alocativa como um objetivo social substantivo, então o valor de troca dos bens de mercado assume uma dimensão normativa que pode fornecer às medidas de produtividade o seu conteúdo normativo. Na medida em que as preferências individuais e o bem-estar podem, até certo ponto, ser lidos a partir de distribuições de bens eficientes em termos de afetação (ou aproximadamente óptimas em termos de Pareto), pode dizer-se que a distribuição de preços associada reflecte aproximadamente o valor de bem-estar dos bens em questão. Além disso, na medida em que a eficiência alocativa é alcançada no âmbito de um sistema político que protege os direitos e liberdades fundamentais e promulga regulamentos no interesse da maximização do bem-estar agregado, podemos estar confiantes de que as escolhas económicas dos indivíduos não são o resultado de coerção e, portanto, são indicadores legítimos do seu bem-estar subjetivo.

O resultado de tudo isto para o argumento de DeGregori é que a agricultura industrial só parece particularmente produtiva quando encontramos uma forma de dar significado normativo aos factores de produção que se destina a conservar. Isto, tenho estado a argumentar, é uma defesa normativa da eficiência alocativa. Este ponto de vista avaliativo é aquele que considera os inputs e outputs dispendiosos como os bens fundamentais para a agricultura e avalia uma prática agrícola de acordo com a sua capacidade de satisfazer a procura de alimentos da forma menos intensiva em termos de inputs. A utilização intensiva da terra pela agricultura industrial e os elevados factores de produção químicos e mecânicos fizeram com que 3% da população americana possa produzir mais alimentos - o suficiente para alimentar uma população quatro vezes maior desde 1900 - do que 70% o faziam há cem anos (Thompson 2010, 95), e em menos terra do que a cultivada em 1930 (Degregori 2004a, 127). Do ponto de vista dos bens de mercado, a eficiência da agricultura industrial é espantosa. Além disso, se a principal norma orientadora da agricultura é a suficiência e acessibilidade alimentar, de acordo com P(l), então a capacidade da agricultura industrial para minimizar os factores de produção valiosos, satisfazendo ao mesmo tempo o seu objetivo político global, parece ser um argumento muito forte a seu favor.

1.8 P(4), P(5) e P(6), Industrialismo, Progressismo Tecnológico e Cientismo

Recorde-se que as afirmações feitas nesta parte do argumento podem ser divididas em duas componentes: i) a afirmação de que o sistema agrícola industrial, apoiado pela agronomia moderna, é o único candidato viável que pode resolver os problemas ambientais, satisfazendo simultaneamente o critério da suficiência; e ii) a afirmação consequencialista de que, enquanto isto for verdade, somos obrigados, por uma questão de política pública, a apoiar o avanço das práticas de produção da agricultura industrial e a investigação agronómica e biotecnológica que alimenta o seu progresso.

Nesta altura, surgem vários problemas interpretativos importantes. O primeiro é que a conceção de AI de DeGregori está inextricavelmente ligada a uma visão particular da ciência e da tecnologia. Trata-se de uma visão pragmatista e progressista, em que o avanço tecnológico e o avanço moral são indissociáveis. A segunda questão é lógica: a força pretendida do apoio consequencialista à AI não é clara: devemos abandonar todas as outras formas de prática agrícola para além da AI? Devemos abandonar a investigação que não faz avançar um sistema agrícola particularmente industrializado? Se aceitarmos a capacidade superior da AI para atingir os fins desejados, então que tipo de compromisso político é que isso implica, e como é que devemos lidar com as práticas agrícolas existentes que não são de natureza industrial? Abordarei a primeira questão na secção seguinte e tratarei do problema da modalidade na conclusão.

1.8.1 O progresso tecnológico e a sua ciência humana e benevolente

A defesa que DeGregori faz da filosofia industrial da agricultura é motivada, em grande parte, por uma associação do sistema industrial com a ciência e a tecnologia e por uma visão da ciência e da tecnologia como auto-corretoras e progressivas. A associação da ciência e da tecnologia à agricultura industrial é, tanto quanto sei, uma questão de genealogia histórica: A AI nasceu dos avanços científicos e tecnológicos da revolução industrial (DeGregori 2001, 33), em particular da invenção do processo Haber-Bosch para sintetizar o amoníaco utilizado nos fertilizantes azotados (DeGregori 2004a, 49) e da maquinaria agrícola e, mais recentemente, das técnicas de modificação genética, irrigação mecânica e pesticidas melhorados (DeGregori 2001, 157; DeGregori 2004a, 97104). Estes foram os meios tecnológicos concebidos através do avanço do conhecimento científico em resposta aos problemas de produção e produtividade na agricultura.

Para DeGregori, os conceitos de ciência, tecnologia e progresso estão interligados numa imagem pragmática do empreendimento epistemológico e moral humano. Tanto o conhecimento como os valores, segundo Degregori, avançam e são comprovados através da sua capacidade de resolver os problemas práticos do animal humano no seu ambiente. O avanço da tecnologia é uma espécie de processo criativo e aberto de resolução de problemas em que a teoria e a prática se interpenetram

(DeGregori 1987, 1243-4). Em suma, "a produção de artefactos físicos (tecnologia no sentido comum) e de artefactos mentais (teorias, ideias, conceitos) são", para pragmatistas como DeGregori, "duas instâncias do mesmo processo básico de resolução criativa de problemas" (Samuelson 2008, 3). E a resolução de problemas, para os pragmatistas, é o motor básico das melhorias da condição humana (Horner 1989, 579).

Para DeGregori, as tecnologias são meios de interação inteligente com o mundo, definidas como "complexo[s] de ideias, competências e comportamentos geradores de recursos que criaram instrumentos... utilizados pelos seres humanos para promover o processo de vida" (DeGregori 2004c, 1061). As 'ferramentas' que são centrais para uma interface tecnológica com o mundo vão para além da instanciação material de ideias ou de soluções práticas para problemas materiais, e incluem artefactos que ajudam o processo de pensamento e compreensão. De facto, para DeGregori, "os avanços na tecnologia produziram novos conhecimentos na ciência tão frequentemente como o inverso" (DeGregori 2001, 31). Fizeram-no não só no sentido óbvio de que as utilizámos para descobrir novos conhecimentos, mas também no sentido de que incorporam um saber-fazer tecnológico fundamental, que é frequentemente não verbal e que conduz a invenções que fornecem novas metáforas e modelos que podem conduzir a avanços teóricos (DeGregori 2001, 31-2). Por exemplo, o microscópio, ao mostrar-nos as estruturas e interações celulares, forneceu-nos os modelos que permitem compreender as origens e o desenvolvimento da vida (DeGregori 2001, 16). O que isto significa, para DeGregori, é que a criação de conhecimento e a inovação tecnológica são duas faces da mesma moeda.

A conceção de tecnologia de DeGregori está também intimamente ligada a uma noção de recursos. Este ponto de vista, que provém de Erich Zimmerman, é resumido na frase concisa "os recursos não são, tornam-se" (DeGregori 1987). Para DeGregori, os "recursos" não são quantidades fixas de substância material, como reservas de petróleo ou depósitos minerais, cujas quantidades podem ser medidas independentemente da nossa capacidade de os extrair e utilizar. A noção de recurso, nesta perspetiva, está internamente relacionada com a tecnologia inventada para a sua extração e utilização (ou vice-versa): "A própria utilização de uma ferramenta pressupõe tanto os recursos para a fabricar como os recursos para serem explorados por ela" (DeGregori 1987, 1245). O que conta como recurso e a quantidade que possuímos depende das nossas capacidades tecnológicas para utilizar uma determinada substância em nosso próprio benefício e da quantidade de substância necessária, tendo em conta os nossos meios tecnológicos, para produzir uma unidade de benefício.

A ciência e a tecnologia podem criar ou aumentar a nossa oferta de recursos de quatro formas. Em primeiro lugar, a ciência e a tecnologia podem fornecer-nos ferramentas que nos permitem utilizar substâncias que anteriormente eram inúteis. O fogo, por exemplo, permitiu-nos aceder a nutrientes numa variedade de plantas que antes eram indigestas. Do mesmo modo, os instrumentos e conhecimentos agrícolas criaram o recurso que é a terra arável, dando-nos o conhecimento e as competências para produzir alimentos a partir dela (DeGregori 1986, 466). De facto, "a história da migração e do povoamento humano é uma história de pessoas que criam terras aráveis, concebendo novos meios e novas tecnologias para produzir alimentos" (DeGregori 1987, 1255). Em segundo lugar, a ciência e a tecnologia podem permitir-nos aceder a uma maior quantidade de uma substância através de técnicas de extração melhoradas. Por exemplo, "os avanços na geologia, como a tectónica de placas, e na geografia dão-nos uma nova compreensão de como os vários minérios são formados, selecionados e onde é provável que sejam encontrados" (DeGregori 1987, 1255). Em terceiro lugar, a ciência e a tecnologia podem aumentar a nossa produtividade, reduzindo a quantidade de um determinado recurso necessária para produzir um resultado benéfico. As tecnologias agrícolas da revolução verde, por exemplo, aumentaram os rendimentos que podem ser produzidos numa determinada parcela de terra, reduzindo assim a necessidade de terras agrícolas e, de facto, aumentando a quantidade destas disponíveis (DeGregori 1987, 1252). Em quarto lugar, os avanços tecnológicos podem permitir-nos substituir um recurso escasso por outro abundante, mantendo assim a nossa capacidade de produzir um determinado bem, apesar do esgotamento de um determinado recurso outrora necessário para o processo de produção (DeGregori 1987, 1253). A invenção do processo Haber-Bosch, por exemplo, permitiu-nos substituir o guano, uma fonte crucial de azoto que sustentou a explosão demográfica no início do século, pela ureia atmosférica (DeGregori 2004a, 49).

Dada a ligação interna entre tecnologia e recursos, DeGregori procura mostrar que a história da agricultura moderna, desde a revolução industrial, se tem caracterizado por um avanço tecnológico cada vez mais rápido e, correlativamente, pela diminuição da escassez dos recursos existentes e pelo aumento da disponibilidade de novos recursos. Dada esta tendência, DeGregori propõe que é razoável esperar que, enquanto continuarmos a promover o avanço científico e tecnológico, continuaremos a alargar o alcance das actuais fontes renováveis e não renováveis e a encontrar substitutos para as que esgotamos. Na medida em que se prevê que a população continue a crescer e que a elevação do nível de vida de um número cada vez maior de pessoas exigirá o aumento da disponibilidade e da variedade de alimentos, parece razoável supor, além disso, que teremos de continuar a expandir a capacidade de carga da Terra, encontrando novos recursos e ampliando os antigos. Assim, a tecnologia industrial intensiva da IA é supostamente a escolha óbvia.

A conceção pragmatista da tecnologia de DeGregori define o progresso tecnológico em relação aos problemas que os indivíduos e as comunidades enfrentam no seu dia a dia. Uma vez que é do interesse dos indivíduos resolverem os seus problemas quotidianos através da criação de soluções tecnológicas, DeGregori considera que o processo de avanço científico e tecnológico deve ser deixado à solta, livre da ideologia entorpecedora de que os recursos são fixos e finitos e que a "sustentabilidade" exige que vivamos dentro dos seus limites: "Não conheço nenhuma ideia mais calculada para manter as pessoas empobrecidas do que a ideia de que os recursos são naturais, fixos e finitos" (DeGregori 2004a, xviii). A evolução da nossa ciência e tecnologia é parte integrante do projeto humano de melhorar de forma criativa e inteligente a nossa sorte colectiva.

Conceptualizar a tecnologia da AI desta forma implica que os problemas criados pela AI não nos dão motivos para voltar às tecnologias pré-industriais ou restringir o fluxo de novas ciências e tecnologias. Isto porque, de acordo com DeGregori, a ciência e a tecnologia são auto-corretoras (DeGregori 2001, 181): "a força vital" da resolução de problemas na tradição científica e tecnológica é "a diferença, a contenção e a oposição" (DeGregori 2004c, 1065). Para os pragmáticos, isto significa não só que a eficácia de uma dada solução tecnológica está aberta a questões e que as novas soluções são uma forma de competição bem-vinda, mas também que a natureza do problema, e a forma como uma solução tecnológica o deve resolver, faz parte integrante do avanço tecnológico. O facto de as soluções para os problemas darem sempre origem a novos problemas é o mesmo que dizer que aquilo que vemos como problemático e a forma como o vemos como tal muda a par do nosso avanço tecnológico (Mayhew 2010, 216); ou, por outras palavras, "[a] tecnologia entendida como resolução de problemas transporta o seu próprio conceito de adequação" (DeGregori 1978a, 474).[14]

Porque DeGregori concebe a resolução de problemas científicos como uma versão melhorada das tentativas quotidianas de encontrar formas práticas de melhorar a vida, vê a ciência e a tecnologia como importantes fornecedores de progresso moral. Esta capacidade manifesta-se de três formas importantes. Em primeiro lugar, o avanço da ciência e da tecnologia, na medida em que conduz a uma melhor qualidade de vida, pode alterar as nossas normas em torno do nível de vida minimamente aceitável (DeGregori 2004a, 20). Os avanços na tecnologia agrícola, por exemplo, tornaram razoável considerar a nutrição adequada como um direito humano básico. Em segundo lugar, a ciência e a tecnologia, através da mesma capacidade produtiva que eleva os níveis de vida, podem libertar os indivíduos e as sociedades da escravidão da dependência de outros para fornecer as condições básicas de uma vida boa e, para além disso, podem fornecer a liberdade física e os meios materiais para a busca da excelência (DeGregori 1978, 470; DeGregori 2004c, 1065). Isto pode ocorrer através do alívio da escravidão económica neocolonial nacional, em que a dependência económica compromete o poder político de uma sociedade (DeGregori 1978, 470), ou da pobreza individual, em que as escolhas quanto à forma de viver a vida são severamente restringidas pela necessidade de satisfazer os requisitos materiais básicos (Degregori 2004c, 1065). Em terceiro lugar, a ciência e a tecnologia podem ser utilizadas "para minar a mitologia pseudocientífica que sustenta práticas injustas e discriminatórias" (DeGregori 2004a, 25). Quando uma ideologia injusta, por exemplo a supremacia branca, se baseia numa imagem falsa da raça e da diferença racial, a capacidade da ciência e da tecnologia para descobrir a verdade é um meio poderoso para difundir as crenças racistas e afirmar o igual valor moral dos seres humanos.

DeGregori, tal como Clarence Ayres, considera que a centralidade da resolução de problemas na

---

14 Este sentimento é implicitamente ecoado nas interpretações de muitos analistas do legado da Revolução Verde. Por exemplo, Gollin et al. (2005) afirmam:

Embora os desafios que os sistemas intensivos enfrentam sejam grandes, é surpreendente que a evolução natural destes sistemas já tenha atenuado muitos dos receios e ceticismo populares manifestados relativamente à Revolução Verde original. A lição que se retira - e é essencialmente uma lição de esperança - é que, desde que haja financiamento adequado para apoiar a inovação, é provável que novas instituições e tecnologias evoluam em resposta a problemas e desafios emergentes (1316).

ciência e na tecnologia fornece a base para juízos de progresso moral ou de atraso nas instituições culturais e entre culturas (Mayhew 2010, 221). As mudanças normativas na ciência e na tecnologia, para ambos os autores, são modelos do processo de progresso moral que podem ser usados para alterar a estrutura de outras instituições, avaliar normas e práticas culturais e avaliar ideologias morais. Passo agora a uma breve análise do modo como esta componente normativa da perspetiva de DeGregori é suposto funcionar.

1.8.2 A distinção normativa cerimonial/instrumental

DeGregori é um economista institucional na tradição de John Dewey, Thorstein Veblen, Clarence Ayers e Walton H. Hamilton. As caraterísticas normativas importantes desta fação da economia institucional são o facto de estabelecer uma distinção normativa entre forças cerimoniais e instrumentais nas instituições sociais e o facto de se alinhar com o instrumentalismo.

No centro desta abordagem da economia está o conceito de instituição, definido no nos termos do famoso economista institucional Douglass North:

> As instituições são os constrangimentos concebidos pelo homem que estruturam a interação política, económica e social. São constituídas por constrangimentos informais (sanções, tabus, costumes, tradições e códigos de conduta) e por regras formais (constituições, leis, direitos de propriedade). Ao longo da história, as instituições foram concebidas pelos seres humanos para criar ordem e reduzir a incerteza nas trocas. Juntamente com os condicionalismos normais da economia, definem o conjunto de escolhas e, por conseguinte, determinam os custos de transação e de produção e, consequentemente, a rentabilidade e a viabilidade da atividade económica. A história é, por conseguinte, em grande medida, uma história de evolução institucional em que o desempenho histórico das economias só pode ser entendido como uma parte de uma história sequencial (North 1991, 97).

Os economistas institucionais analisam a forma como as normas formais e informais incorporadas numa variedade de instituições sociais "evoluíram" para resolver problemas associados à expansão das esferas de comércio, à crescente especialização e divisão do trabalho e ao aumento da produtividade económica. Os institucionalistas estão interessados em compreender por que razão algumas economias estagnaram ou declinaram enquanto outras cresceram e, em geral, que tipos de forças institucionais promovem aumentos sustentados da produtividade e do crescimento económico.

As organizações de investigação e desenvolvimento, para os institucionalistas como DeGregori, são conceptualizadas, através do pragmatismo, como instituições-modelo cujo processo incremental de resolução criativa de problemas é o garante do progresso institucional (normativo) e material. No entanto, "as instituições são frequentemente uma força negativa que impede a adaptação a novas formas de fazer as coisas... Para além de retardarem a inovação (China antiga), as instituições podem também distorcer a distribuição das recompensas económicas a favor de um grupo poderoso (França dos Bourbon), reprimir a investigação científica (Galileu) ou enfatizar o materialismo como fonte de felicidade (América atual)" (Greenwood e Holt 2008, 447).

DeGregori e os seus colegas diagnosticam este problema como decorrente de um procedimento justificativo tipificado pela "aceitação do precedente como autoridade" (Mayhew 2010, 214), ou como "os padrões de organização e comportamento derivados do passado" (ibid. 216). Nas palavras de DeGregori, o instrumentalismo "vê a tecnologia como a força dinâmica da mudança económica, enquanto as crenças e práticas sociais tradicionais são consideradas as forças que resistem à mudança" (DeGregori 1978a, 472). Esta dicotomia é geralmente mantida, como indiquei acima, em termos dos critérios para uma justificação aceitável. Por exemplo:

> Os valores cerimoniais são garantidos pelos costumes e pelas tradições populares que incorporam hierarquias de estatuto e distinções iníquas quanto ao "valor" relativo de vários indivíduos ou classes na comunidade. Racionalizam as relações de poder e os padrões de autoridade incorporados no status quo. Os valores instrumentais são garantidos pela aplicação sistemática do conhecimento ao processo de resolução de problemas. Surgem dos processos de investigação das relações causais. Como critérios para correlacionar o comportamento, asseguram a continuidade causal no processo de resolução de problemas. Enquanto os valores cerimoniais justificados racionalizam modos habituais de pensamento e comportamento incorporados em práticas tradicionais, tendendo assim a ser "vinculados ao passado", os valores instrumentais justificados são inerentes aos processos de investigação científica e de inovação tecnológica, funcionando assim como padrões pelos quais o comportamento pode ser correlacionado na dinâmica da mudança institucional (Bush 1983, 37).

As formas instrumentais de justificação de normas, como vimos, são pragmáticas no sentido em que o facto de uma norma produzir conhecimentos ou competências úteis é o critério para a sua correção ou incorreção.

A justificação cerimonial baseia-se no enraizamento cultural, ou status quo, das normas de pensamento e ação como critério de sucesso.

As normas cerimoniais mais ofensivas, pensa DeGregori, são aquelas que são empregues para justificar um status quo que beneficia os poderosos em detrimento dos impotentes (DeGregori 1978a, 468). A oposição à tecnologia da revolução verde, com base em crenças religiosas ou culturais "tradicionais", numa imagem romântica da natureza "natural" ou no princípio da precaução, por parte dos ocidentais ricos, é o problema para o qual a dicotomia cerimonial/instrumental fornece a explicação e o antídoto. Para DeGregori, aqueles que limitariam o avanço da tecnologia industrial, tais como "os defensores da tecnologia de pequena escala" ou os teóricos dos limites ao crescimento, "carecem fundamentalmente de um conhecimento dos padrões históricos da mudança tecnológica" (DeGregori 1978a, 471). Isto leva-os a abusar do princípio da precaução, invocando "o mito da alternativa sem risco", assumindo que o status quo experimentado e verdadeiro é seguro e sem danos ou custos de oportunidade (DeGregori 2004a, 151). Quando virmos que a mudança tecnológica é progressiva e que o mau uso e o abuso ocorrem às mãos de instituições conservadoras, concentraremos as nossas preocupações e críticas menos na restrição da disseminação e do avanço da tecnologia e mais nas instituições que a controlam e a utilizam para fins indesejáveis.

Esta abordagem é exemplificada pelo ponto de vista de DeGregori de que a tecnologia agrícola industrial não é culpada pela contínua má distribuição de alimentos (DeGregori 1987, 1252). A tecnologia agrícola industrial resolveu o problema da fome no mundo, pensa DeGregori, e promete continuar a fornecer os recursos necessários para nos alimentar. O problema é que as instituições económicas e políticas que controlam a distribuição da riqueza ainda não foram criadas "para proporcionar a todos a capacidade de obter rendimentos suficientes para obter o que está geralmente disponível" (DeGregori 1987, 1252). Para DeGregori, o problema da distribuição é um problema de cerimonialismo institucional, que pode ser claramente separado das soluções tecnológicas para os problemas de produtividade.

Isto significa que os promotores da tecnologia apropriada ou dos limites ao crescimento, que defendem tecnologias de pequena escala, descentralizadas, de mão de obra intensiva, eficientes em termos energéticos, benignas para o ambiente e controladas localmente (Hazeltine e Bull, 1999), estão fundamentalmente mal orientados nas suas tentativas de atingir os objectivos de suficiência e disponibilidade alimentar. Restringir a tecnologia de IA de acordo com uma visão ideológica de adequação recria o próprio problema que a tecnologia desenfreada está posicionada para resolver: o problema das instituições que impedem que os benefícios da tecnologia sejam acedidos por todos. Por isso, o problema é de reforma institucional e não tecnológica. Restringir o processo de inovação para incluir apenas tecnologias de uma determinada escala, intensidade de mão de obra, ou similares, é minar o próprio processo que conseguiu levar "a população a seis mil milhões de pessoas que vivem mais tempo, estão mais bem alimentadas e têm melhor saúde do que nunca" (DeGregori 2004, 127). "A política aqui implícita", segundo um comentador, é, antes de mais, "uma distribuição mais equitativa do rendimento", e não uma imposição no processo de avanço científico e tecnológico que DeGregoti vê como central para a AI (Horner 1989, 583).

1.9 Conclusão menor

O argumento económico institucionalista de DeGregori a favor da IA, tal como o tenho vindo a desenvolver, envolve três segmentos principais. O primeiro é um alinhamento com os valores económicos liberais e democráticos, como exemplificado por Baxter. Estes valores estão subjacentes ao apoio da suficiência e disponibilidade alimentar como normas primárias para a agricultura, de acordo com a premissa 1, mas também à defesa da eficiência da agricultura industrial. Embora os economistas institucionalistas não aceitem acriticamente a noção de optimalidade de Pareto ou de eficiência alocativa como fundamentos normativos para a desregulamentação - uma vez que rejeitam alguns dos pressupostos simplificadores da economia convencional - a visão da produtividade superlativa da AI como falando alto a seu favor deriva de uma defesa normativa dos mercados como, minimamente, identificando corretamente muitos dos bens politicamente salientes da agricultura.

No entanto, os institucionalistas acrescentaram uma camada às concepções económicas dominantes da eficiência da AI: a eficiência não é simplesmente uma função da conservação de recursos escassos utilizando os meios tecnológicos e organizacionais disponíveis. Pelo contrário, as reservas de recursos podem ser aumentadas e substituídas, de modo que chegar a uma conceção da eficiência de uma prática exige que tenhamos em conta as tendências científicas e tecnológicas que podem diminuir a dependência da prática em relação ao recurso de várias formas.

O segundo elemento importante da defesa económica da AI por DeGregori é uma conceção pragmatista da relação entre ciência, tecnologia e progresso moral. A revolução industrial, tal como se manifesta na AI, foi uma resposta a problemas práticos e sociais como a pobreza, a escassez de alimentos e o esgotamento de recursos. Tal como qualquer bom processo de resolução de problemas, conseguiu percorrer um longo caminho para os resolver. Fê-lo através da aplicação de métodos científicos para a produção de conhecimento e tecnologia destinados a melhorar a sorte da humanidade. Esta é a mensagem da premissa 2. Assim, na medida em que a AI pode ser estreitamente associada a uma visão pragmatista da ciência e da tecnologia, e na medida em que o seu legado é uma melhoria significativa da qualidade e quantidade da vida humana, a AI parece estar bem posicionada para responder aos problemas ambientais e sociais actuais à medida que estes surgem. Assim, a afirmação da premissa 3 sobre a eficiência da AI ganha outra elaboração: é mais eficiente não só no sentido em que é economicamente mais produtiva, mas também no sentido em que está institucionalmente organizada para responder aos problemas práticos à medida que estes surgem. E a premissa 4 torna-se o corolário natural de que qualquer divergência desta abordagem à agricultura sacrificaria a sua capacidade de satisfazer o critério de suficiência ou a sua capacidade de o fazer de forma mais eficiente em qualquer dos três sentidos descritos. DeGregori utiliza a descrição pragmatista da forma como o conhecimento e os valores avançam através do processo de resolução de problemas para apoiar os modos instrumentais de garantia. Associar a AI à agronomia moderna permite-lhe utilizar esta distinção normativa para apoiar a AI em detrimento de outras abordagens à agricultura menos baseadas na ciência. A dificuldade interpretativa aqui é que não é claro que todas as filosofias agrícolas alternativas sejam necessariamente vítimas do conservadorismo institucional problemático e da precaução, ou que todas as práticas industriais modernas sobrevivam aos esforços para resolver os problemas modernos. Tomemos, por exemplo, os princípios da agroecologia, uma abordagem da agricultura baseada na ciência, que utiliza recursos locais e renováveis e o pensamento dos sistemas ecológicos para conceber sistemas de cultivo que melhorem a fertilidade e minimizem a poluição.[15] Esta abordagem está comprometida com os mesmos valores políticos e económicos mínimos que estão por detrás da defesa da IA feita por DeGregori. No entanto, procura incorporar um conjunto mais abrangente de objectivos sociais na sua perspetiva filosófica. E, na medida em que há alguma sugestão de que a adoção de práticas agrícolas alternativas, num ou noutro grau, é consistente com a consecução do objetivo da suficiência e disponibilidade alimentar,[16] não é claro que DeGregori exclua esses sistemas como dignos de serem

[15] Para uma lista bastante completa desses princípios, ver http://agroecology.org/Principles List.html.

[16] Há controvérsia sobre se a agricultura biológica, universalmente adoptada, poderia alimentar o mundo (Badgley e Perfecto, 2007; Spiertz 2008, 50). Há também controvérsia sobre se a adoção universal da agricultura biológica representaria uma ameaça líquida para o ambiente através de uma utilização mais extensiva dos solos (Spiertz 2008, 50). No entanto, estes debates estão a dar os primeiros passos e ainda não dispõem de dados sobre a forma como os diversos padrões globais de utilização das terras agrícolas podem alcançar a suficiência e disponibilidade alimentar e maximizar a qualidade ambiental. Por exemplo, a concentração de sistemas menos intensivos em produtos químicos e em lavoura em torno de pontos-chave da biodiversidade, da filtragem da água, da fertilidade do solo, ou semelhantes, pode ser a chave para complementar os sistemas de produção intensiva, protegendo simultaneamente funções ecológicas importantes. Além disso, alguns trabalhos modernos sobre sistemas agrícolas agroecológicos sugerem que a investigação e o desenvolvimento nesta área são

seguidos pelo indivíduo ou pelo público. De facto, muitos agrónomos "mainstream" reformulam cada vez mais os problemas da agricultura em termos que incorporam um conjunto muito mais abrangente de bens sociais nas suas concepções de produtividade agrícola. A seguinte imagem da situação da agricultura moderna é típica de um conjunto crescente de literatura agronómica:

> Atualmente, a agricultura mundial alimenta uma população de aproximadamente 6,4 mil milhões de pessoas e presta uma vasta gama de serviços adicionais, como o emprego rural, a bioenergia e *a biodiversidade*... No entanto, a principal questão não é se podemos alimentar 9 milhões de pessoas em 2050, mas se *o podemos fazer de forma sustentável, equitativa e atempada face à crescente procura de biocombustíveis e às prováveis alterações climáticas.* A agricultura tem de satisfazer, a nível mundial, uma procura crescente de produtos de base biológica, tais como alimentos para consumo humano e animal, fibras e combustíveis, *ao mesmo tempo que satisfaz restrições ainda mais rigorosas no que diz respeito à segurança dos produtos, ao ambiente, à natureza e à paisagem* (sublinhados meus, Spiertz 2008, 43; ver também Hurni et al 2008, 67).

Tal abordagem implicaria viver dentro de alguns limites estabelecidos pelas condições para a integridade ecológica dos processos que renovam a fertilidade do solo, filtram a água, sequestram o carbono e promovem a biodiversidade. A forte fé de DeGregori na mudança tecnológica torna-o avesso a aceitar a necessidade de estabelecer limites ao crescimento ou de conceber a sustentabilidade em termos de uma base fixa de recursos. Assim, à primeira vista, parece que as políticas que incentivam a manutenção de determinados limiares de reservas de recursos renováveis e as condições ecológicas para a sua renovação não têm devidamente em conta o papel do progresso tecnológico na alteração dos tipos e quantidades de recursos disponíveis.

No entanto, não existe um conflito óbvio entre o progresso tecnológico e a manutenção de sistemas ecológicos que sustentam os recursos. De facto, como refere DeGregori, com razão, substituímos frequentemente uma dependência ambientalmente prejudicial dos recursos renováveis por uma dependência mais benigna dos não renováveis. Muitos ecossistemas diversos e funcionais foram poupados à exploração devido ao aumento da intensidade da produção agrícola através da aplicação de combustíveis fósseis (sob a forma de uma variedade de tecnologias, como os fertilizantes azotados e o trabalho das máquinas). Outro exemplo é a substituição de fontes de energia de hidrocarbonetos por combustível de madeira, poupando enormes extensões de floresta. Além disso, o desenvolvimento tecnológico promete permitir ganhos de produtividade na utilização de energias renováveis, aumentando assim a nossa capacidade de retirar benefícios significativos dos recursos renováveis, mantendo simultaneamente as reservas necessárias para as gerações futuras e os processos ecológicos. A modificação genética e outras formas de melhoramento vegetal são os principais exemplos dessa tecnologia, mas também o são os sistemas de cultivo diversificados e rotativos, a agrossilvicultura, a gestão biológica das pragas e o desenvolvimento de biocombustíveis. O que isto significa,

---

claramente promissores no que respeita à possibilidade de aumentar a produtividade económica das explorações agrícolas e, ao mesmo tempo, promover objectivos sociais e ambientais externos às medidas de produtividade neoclássicas (ver, por exemplo, Delonge et. al. (2016); Kremen e Miles (2012); e Lundgren e Fausti (2015)).

aparentemente, é que não existe um conflito óbvio entre o estabelecimento de limites à utilização dos recursos e a capacidade de avanço da tecnologia. Enquanto a melhoria da tecnologia for um meio crucial para atenuar os problemas modernos de poluição e sobre-exploração, o investimento na criação e divulgação desta tecnologia parece ser um papel fundamental para os decisores políticos governamentais. O que isto significa é que a medida em que DeGregori se pode opor a conceitos de adequação tecnológica é uma questão de graus e não de género.

Assim, o argumento de DeGregori não pode ser interpretado como excluindo mecanismos de mercado sensatos para a incorporação de externalidades ou regulamentos para a proteção dos direitos humanos ou dos bens comuns ambientais. Em vez disso, penso que é melhor lê-lo como uma visão política mínima para a agricultura, que estabelece diretrizes que qualquer sistema agrícola deve cumprir para ser um objeto adequado de aprovação e financiamento público (sob a forma de bolsas de investigação, subsídios, etc.). A conclusão é, portanto, mais adequadamente formulada da seguinte forma: na medida em que qualquer sistema de produção agrícola contribui para a satisfação do critério de suficiência e faz avançar o desenvolvimento de tecnologias para a criação, extensão e substituição de recursos, deve ser objeto de apoio público; caso contrário, não deve ser aprovado. Uma agricultura minimamente sustentável, segundo este ponto de vista, é aquela que se centra, antes de mais, na produção de alimentos suficientes para a população mundial através da aplicação da ciência e da tecnologia aos problemas de produtividade.

CAPÍTULO 2

Análise

Note-se que, na perspetiva de DeGregori, os valores ambientais e sociais, apesar de podermos encontrar formas de os incorporar no nosso sistema alimentar, permanecem externos ao processo de produção agrícola, aplicados como restrições políticas a um processo que tem como objetivo principal a maximização de produtos de consumo com base em factores de produção dispendiosos. Podemos optar, enquanto coletivo político, por estruturar os custos de forma a tornar rentável a adoção de tecnologias com benefícios ambientais, ou podemos instituir regulamentos que proíbam ou limitem certos tipos de actividades de produção (por exemplo, que violem os direitos humanos ou que tenham efeitos de bem-estar abaixo do ideal), mas a ética de produção adequada é a da maximização do lucro.

De seguida, apresento três desafios à defesa que DeGregori faz da AI. O primeiro é um desafio à conceção monolítica e algo simplista de recursos que é fundamental para o otimismo de DeGregori. Argumento que, embora as quatro formas como a tecnologia afecta os recursos propostas por DeGregori - criar, alargar, encontrar/extrair e substituir - funcionem bem para os recursos não renováveis, como os minerais, não dão conta de subtilezas cruciais na interação entre a tecnologia e os recursos renováveis, especialmente aqueles que são mais fundamentais para a agricultura: água limpa e fresca e solo fértil. Isto levar-me-á a uma discussão sobre o otimismo unívoco que DeGregori extrai da história da Revolução Verde. Defendo que este otimismo, embora não seja totalmente descabido, assenta numa imagem do progresso tecnológico como autocorretivo e cumulativo, que encobre complexidades cruciais relativas às condições culturais, sociais e políticas necessárias para manter a inovação em sintonia com os problemas ambientais e de acessibilidade alimentar em tempo útil e, em particular, não distingue as divergências políticas entre as forças económicas e científicas que dirigem a produção agrícola industrial, bem como a investigação e o desenvolvimento. Neste ponto, defendo que o quadro ético de DeGregori não fornece bases para a aplicação de uma ética produtivista aos contextos de produção agrícola e de um quadro ético mais abrangente aos decisores políticos e aos reguladores. Por último, chamo a atenção para importantes tensões entre o alinhamento de DeGregori com uma visão pragmatista do progresso moral e a sua utilização normativa da dicotomia entre modos cerimoniais e instrumentais de garantia para apoiar a AI. Defendo que os conhecimentos pragmatistas não apoiam esta distinção de uma forma que possa ser utilizada para avaliar normativamente diferentes filosofias da agricultura.

2.1 As bases problemáticas do otimismo económico

Economistas institucionais como DeGregori conseguiram uma aceitação considerável do seu otimismo quanto ao potencial da inovação tecnológica. Acredita-se amplamente que, através dos seus vários efeitos sobre os recursos e do seu potencial de aumento da produtividade, a tecnologia é capaz de resolver os problemas ambientais à medida que estes representam ameaças significativas ao nosso bem-estar, ao mesmo tempo que sustenta um crescimento económico que aumenta o bem-estar. Os economistas acreditam que isso acontecerá através da procura por parte dos agentes económicos que interagem num mercado devidamente estruturado.

Embora um certo grau de otimismo pareça justificado, há três pontos que merecem destaque. O primeiro é que as inovações que prometem resolver importantes problemas da agricultura moderna são as que tendem a conservar e aumentar os recursos e a proteger os serviços fundamentais do sistema biogeológico, como o solo fértil, um clima estável e água limpa (Hurni et al 2008), recursos cuja fundamentalidade não se reflecte no seu preço de mercado. Há certos sistemas naturais para os quais não existe uma substituição óbvia e cuja integridade funcional é um fator limitante fundamental da produção. Estes incluem sistemas biogeológicos, como os ciclos de nutrientes, os ciclos de biomassa do solo, os ciclos hidrológicos, os ciclos de carbono estabilizadores do clima, etc., bem como processos ecológicos que promovem a biodiversidade e a estabilidade. Embora tenhamos encontrado formas engenhosas de aumentar a produtividade destes ciclos através de estratégias de gestão, de melhoramento vegetal e de recursos não renováveis e renováveis (ibid.), a produção agrícola é, em última análise, limitada pela nossa capacidade de manter estes sistemas e de utilizar eficazmente os recursos que eles produzem. A complexidade, a inter-relação e a escala destes sistemas fazem com que seja ilusório supor que dispomos de conhecimentos, competências ou determinação política que nos permitam substituir estes sistemas ou repará-los após um colapso.

Em segundo lugar, mesmo que fosse possível substituir, por exemplo, o abastecimento de água proveniente de aquíferos subterrâneos e de lagos e rios de água doce, à medida que estes se vão poluindo ou esgotando, por tecnologia de dessalinização ou instalações de filtragem de água em grande escala, o custo de o fazer, em termos de utilização de recursos e de oportunidades perdidas, parece justificar um esforço concertado para ajustar os hábitos de produção e de consumo, a fim de manter os sistemas independentes e auto-sustentáveis existentes. Isto é particularmente premente quando consideramos o custo do fracasso nos casos em que avaliamos mal a nossa capacidade atual de manter o fluxo de recursos outrora renováveis: desertificação, fome, peste, etc. Assim, a nossa capacidade de aumentar a nossa população e o nosso consumo de produtos agrícolas deve ser sempre medida em relação aos meios disponíveis para proteger os sistemas fundamentais de recursos renováveis. Neste caso, a precaução adequada significa reduzir o consumo e a poluição até que existam tecnologias de manutenção dos recursos renováveis e que estas estejam suficientemente difundidas para permitir um aumento do consumo e da acumulação de riqueza sem ameaçar a integridade funcional dos sistemas naturais fundamentais.

Até aqui, um economista como Degregori pode reconhecer estes pontos e continuar a defender que a difusão e o investimento em tecnologia são a resposta para os problemas que estes colocam à produção agrícola. O problema é que existe uma tensão entre o facto de DeGregori defender que a agricultura intensiva é a mais eficiente do ponto de vista económico e a sua estreita associação da agricultura intensiva à capacidade de resolução de problemas da ciência e da tecnologia. Há aqui duas questões. Uma é que, em termos descritivos, não é claro que os mesmos tipos de considerações éticas guiem os agentes económicos e os cientistas. A outra é que não é de todo claro que a maximização do bem-estar subjetivo e da autonomia dos indivíduos deva ser o princípio decisivo na orientação da investigação científica.

Para ver isto, considere-se a forma como "a mão invisível" impulsiona a inovação: do lado da oferta, a escassez de um fator de produção valorizado faz subir os preços do produto e cria a oportunidade para tecnologias de aumento da produtividade ou métodos de produção que dependem de factores de produção mais abundantes ou acessíveis para ganhar quota de mercado e captar rendas económicas mais elevadas. Do lado da procura, uma procura elevada ou crescente de um determinado produto cria oportunidades para ganhar quota de mercado através de aumentos da capacidade de produção, de uma melhor comercialização (marca/distribuição) e de preços competitivos mais produtivos. No entanto, como os economistas há muito perceberam, a inovação impulsionada por estas forças resulta frequentemente na produção de externalidades negativas: custos de bem-estar público da atividade económica (geralmente concebidos em termos de reduções do bem-estar humano que são suportadas por aqueles que não são beneficiários da atividade). O que isto significa é que, na medida em que as nossas inovações são impulsionadas em grande parte por forças económicas, não estarão muito bem posicionadas para resolver os problemas ambientais antes de causarem perdas consideráveis de bem-estar entre aqueles que estão mais bem posicionados para exercer influência económica, e não estarão em posição de resolver as externalidades ambientais que causam perdas de bem-estar aos que têm pouca influência económica (ou seja, os pobres).[17]

Além disso, há duas outras caraterísticas dos mercados que muitas vezes impedem os agentes económicos de reconhecerem ou trabalharem no sentido de resolver problemas que são evidentes a partir de perspectivas menos orientadas para o lucro e para o interesse próprio. A primeira é que os investimentos em infra-estruturas e na indústria transformadora tendem a gerar uma espécie de conservadorismo.[18] Tomemos, por exemplo, as indústrias automóvel ou do petróleo e do gás.[19] Estas indústrias investiram enormes quantidades de capital em infra-estruturas, tecnologia e conhecimento, o

17 Segundo o advogado e historiador ambiental Dan Tarlock, esta foi uma importante justificação para a intervenção política nos mercados para a proteção do ambiente na história do ambientalismo (Tarlock 1994).

18 Uma forma de compreender este conservadorismo é em termos de "dependência da trajetória". Utilizo "conservadorismo" por falta de uma palavra melhor. No entanto, há uma diferença importante entre este tipo de conservadorismo e o "cerimonialismo" criticado pelos institucionalistas. A diferença é que a manutenção de um determinado investimento em infra-estruturas se justifica na medida em que evita problemas de rentabilidade a curto e médio prazo. A questão é que se dá prioridade a estes problemas em detrimento de problemas mais sérios a longo prazo relativos a interesses externos à empresa em causa.

19 Poder-se-ia objetar que as indústrias automóvel e do petróleo e gás são únicas, que a sua experiência não se generaliza à agricultura. A resposta, por um lado, é que, na medida em que estamos a conceber todas estas indústrias como estando sujeitas ao mesmo tipo de forças de mercado, não é claro por que razão este problema não se generalizaria. Por outro lado, parece bastante claro que a evidência do conservadorismo pode ser encontrada nos impactos das condições de mercado que favorecem a escala tecnológica, a especialização e a substituição de factores de produção. Estas forças tendem a favorecer a insensibilidade às externalidades, como a poluição dos nutrientes e as emissões de carbono, e fazem com que as empresas em fase de arranque que internalizam estes custos não consigam impor-se.

que lhes permitiu tornarem-se extremamente lucrativas e politicamente poderosas. Apesar do impacto significativo no bem-estar, atual e previsto, das externalidades ambientais negativas causadas pelas emissões de dióxido de carbono e outras formas de poluição por hidrocarbonetos, a rentabilidade das infra-estruturas existentes desincentiva o investimento no desenvolvimento de tecnologias de energia e transportes ecológicos. Enquanto houver procura de um serviço, e enquanto uma indústria tiver investido fortemente nas capacidades infra-estruturais e tecnológicas para satisfazer essa procura de uma determinada forma (ou seja, utilizando um determinado recurso ou método de produção), será do interesse dessa indústria continuar as suas práticas de produção, desde que a sua capacidade de produção e a sua rendibilidade façam com que (a) o investimento em novas infra-estruturas resulte em perdas significativas de rendibilidade a curto e médio prazo, e (b) nenhuma empresa em fase de arranque possa competir em termos de preço e de escala com o produto resultante das infra-estruturas e tecnologias existentes. Trata-se de um conservadorismo que resulta de uma indústria regida pela motivação do lucro e pelas forças de mercado da oferta e da procura. Mas também pode alastrar aos sistemas políticos. Quando não existem estruturas de apoio consideráveis para os desempregados, incluindo a readaptação orientada para o futuro e o reforço das capacidades empresariais, o principal valor político dos cidadãos é frequentemente atrair e manter os empregadores. Isto significa que existe uma força política muito forte a proteger o status-quo da indústria, especialmente quando os mercados são globalizados e as empresas podem influenciar os governos ameaçando com a deslocalização.

A segunda caraterística relacionada com as estruturas de mercado que funcionam principalmente através da concorrência que maximiza o lucro e que as torna propensas ao conservadorismo provém da cultura de consumo. Os mercados funcionam através de empresas que satisfazem desejos subjectivos e, se possível, criam novos desejos. Isto significa que as empresas com fins lucrativos estão bem posicionadas para orientar os padrões de consumo das pessoas, principalmente aumentando o consumo ou distribuindo-o por marcas que variam em termos de preço e de qualidade percebida. Nestas circunstâncias, as questões morais sobre o que se deve conceber como aumento de bem-estar, como se deve distribuir o dinheiro entre benefícios pessoais e colectivos e quais as exigências que as empresas devem capitalizar são inteiramente externas ao sistema de mercado: o material nebuloso da mudança cultural. Veja-se, por exemplo, a forma como o movimento ambientalista entrou na nossa vida económica: aparelhos com "estrela energética", produtos fabricados com materiais reciclados e novas palavras-chave de marketing pegaram numa conceção culturalmente gerada de um bem público - a qualidade ambiental - e utilizaram-na para aumentar a qualidade percebida dos produtos consumíveis. Neste caso, não tivemos de fazer perguntas difíceis sobre os nossos níveis de consumo, a nossa afetação da riqueza ao prazer pessoal em oposição à ação social, que tipos de produtos e serviços constituem verdadeiros benefícios para nós próprios e para a sociedade, ou coisas semelhantes. Em vez disso, a nossa consciência ambiental recém-descoberta enquadra-se perfeitamente nos nossos estilos de vida actuais, sendo atenuada da mesma forma que as nossas outras preferências: através do consumo dos mesmos tipos de bens e serviços a que estamos habituados.

O problema geral é que as preferências individuais agregadas por serviços ecológicos não são um bom indicador da saúde ambiental global e não estão necessariamente alinhadas com os problemas ambientais que representam o maior risco para os sistemas biogeológicos cruciais. Isto é particularmente verdade quando as populações são pobres e pouco instruídas, uma vez que essas populações tenderão a concentrar-se em preocupações mais imediatas do que a qualidade ambiental local (para não falar da global) e não estarão numa posição forte para exercer influência sobre os mercados no sentido de proteger o ambiente.[20] Atualmente, estão a ocorrer três casos em particular, o primeiro com o que muitos cientistas do clima consideram ser uma crise climática em desenvolvimento, o segundo com a escassez global de água potável e fresca e o terceiro com a perda de biodiversidade global. No entanto, o padrão de aumento da produção até um ponto crítico de rutura ecológica, seguido de sofrimento e declínio dramáticos, tem sido um problema comum das civilizações ao longo da história humana (Fraser e Rimas 2010). Parece natural supor que a razão mais geral para este facto é que a satisfação dos interesses de bem-estar dos seres humanos exige frequentemente perturbações nos processos naturais. E mesmo nos casos em que a integridade dos processos naturais é do interesse dos seres humanos, como acontece na agricultura, os ganhos de bem-estar humano resultantes de actividades de exploração que danificam esses processos podem continuar para além de um ponto em que a degradação é significativa e não tem solução rápida ou simples.[21] Isto pode ocorrer, entre outras razões, porque a) há um atraso significativo entre a atividade ofensiva e as perdas de bem-estar a jusante, talvez devido à natureza cíclica do sistema; b) a degradação afecta subsistemas que têm apenas efeitos negativos marginais no nosso bem-estar, mas que estão inter-relacionados num sistema mais vasto em que estas alterações marginais criam mecanismos de retroação; ou c) os impactos de uma atividade no bem-estar são partilhados de forma desigual, de tal forma que os benefícios revertem a favor dos que controlam a atividade e os prejuízos a favor dos que não a controlam. Estes efeitos sistémicos podem enganar os agentes económicos individuais por várias razões: porque não podemos ver direta e imediatamente as consequências das nossas acções nestes sistemas mais vastos; porque não sabemos o suficiente sobre os sistemas e sobre a forma como serão afectados por uma determinada prática para podermos prever ameaças ao nosso bem-estar; porque as perdas de bem-estar são remotas no tempo (Kyriakou 2002); ou porque os bens ambientais e sociais não fazem parte dos nossos interesses de bem-estar. Assim, na

---

[20] Existem, evidentemente, excepções importantes, sobretudo entre os povos que mantêm uma forte ligação cultural à terra, como é o caso de muitas das Primeiras Nações do Canadá. Estas culturas resistem frequentemente a incursões destrutivas nas suas terras, apesar de uma pobreza considerável e perante a possibilidade de ganhos económicos consideráveis.
No entanto, apesar das suas fortes motivações, a sua falta de influência económica faz com que sejam frequentemente ultrapassados por grupos de interesse que dispõem de recursos para controlar os tribunais ou fazer lobby junto dos políticos.

21 Para uma discussão económica mais técnica sobre a forma como a não linearidade, a estocasticidade e a existência de "bacias de atração" nos sistemas naturais causam problemas relativos aos pressupostos envolvidos em várias tentativas de especificar um modelo económico de desenvolvimento sustentável, ver Kyriakou (2002).

medida em que os consumidores não tenham um elevado nível de formação sobre os sistemas biogeológicos, não estejam habituados a preocupar-se com estados de coisas temporalmente distantes e com as gerações futuras, e não lhes sejam inculcados interesses que incluam, pelo menos, os processos ambientais dos quais depende o bem-estar humano, os seus interesses não serão bons indicadores dos processos ambientais que vale a pena proteger.

(a) é exemplificada pela bioacumulação de DDT ou de outros compostos tóxicos nos ecossistemas, que podem causar vários graus de perturbação e de perturbação funcional. Outro exemplo é a erosão eólica do "dust bowl" dos anos 30, em que a degradação anual do ecossistema das pradarias, em especial da sua fertilidade do solo e das gramíneas que o retêm, acabou por causar vulnerabilidade às flutuações climáticas, como a devastadora erosão eólica que ocorreu em condições de seca. (b) é exemplificada pela poluição atmosférica resultante da atividade agrícola localizada que contribui para as alterações climáticas e, eventualmente, para impactos negativos como a desertificação e fenómenos climáticos erráticos no ambiente mais imediato. (c) é exemplificada pela poluição da água causada por aplicações excessivas ou incorrectas de nutrientes, que produzem benefícios para os agricultores sob a forma de uma aplicação simplificada, tempo poupado e melhores colheitas, mas que têm um impacto negativo nas populações que utilizam os recursos hídricos. Outro bom exemplo é a utilização intensiva de pesticidas de largo espetro, que dizimam de forma não selectiva as populações de insectos, incluindo os predadores de pragas importantes, bem como os polinizadores, causando problemas de pragas e/ou de polinização aos agricultores que não dependem da aplicação intensiva de pesticidas de largo espetro e que cultivam espécies que necessitam de predadores e polinizadores.

A questão pode ser resumida da seguinte forma: é necessário impor muitas regulamentações e mecanismos de mercado sensatos nos mercados antes que os indivíduos com interesses próprios sofram perdas de bem-estar devido a problemas ambientais. Ora, uma tal conclusão parece abominável para a maioria dos economistas devido ao facto de partirem do princípio de que as preferências dos indivíduos são um bom indicador do seu bem-estar e da sua autonomia. Com efeito, se as escolhas autónomas orientam a atividade de consumo, então as imposições do mercado parecem totalitárias. Na última secção, apresento uma leitura alternativa do projeto da economia que pretende contornar este problema. Basta dizer, aqui, que na medida em que não é uma caraterística central das instituições económicas encorajar a deliberação moral e a responsabilidade pelos impactos agregados das escolhas individuais, não é claro que os consumidores possam ser concebidos como agindo autonomamente num sentido moral ou politicamente robusto. Com efeito, na medida em que muitas estratégias de marketing encorajam ativamente os indivíduos a serem compulsivos, a satisfazerem-se a si próprios e a expressarem-se e identificarem-se através de produtos e marcas, parece razoável supor que o envolvimento em trocas económicas corrói frequentemente a atenção dos indivíduos para objectivos e obrigações colectivos, bem como para questões filosóficas sobre a verdadeira natureza da felicidade, liberdade ou florescimento humanos.

2.2 Cientismo, Sustentabilidade e Passagem de testemunho normativo

Uma forma de internalizar os custos ambientais da produção nas medidas de produtividade económica é regular ou atribuir um preço às externalidades negativas com base em medidas de fragilidade, substituibilidade e fundamentalidade para a produção dos processos ecológicos afectados. Estas seriam abordagens baseadas na ciência e, por isso, poder-se-ia presumir que o apoio de DeGregori a um programa de agricultura industrial baseado na ciência e na tecnologia as apoia resolutamente. No entanto, para começarmos a determinar até que ponto um ecossistema é frágil ou resiliente, se e como o podemos substituir por uma solução artificial, ou até que ponto as nossas práticas de produção dependem dele, precisamos de definir os ecossistemas em questão e determinar indicadores para a sua "sustentabilidade" ou "saúde" ou "integridade" ou "resiliência". Os problemas envolvidos na definição de ecossistemas e na medição da sua "sustentabilidade" ou "integridade ecológica" têm caraterísticas normativas importantes que desafiam a simples dicotomia entre modos cerimoniais e instrumentais de mandado que DeGregori vê como explicação para os sucessos da Revolução Verde e como promessa de generosidade e qualidade ambiental no futuro. O fracasso normativo desta dicotomia, combinado com o facto de os mercados orientados para o lucro não terem sido um motor satisfatório da inovação agrícola, atenua os fundamentos da fé de DeGregori na capacidade de um sistema de mercado industrial baseado na ciência para lidar adequadamente com os problemas ambientais à medida que estes surgem. 2.2.1 Passe o problema, por favor.

O que significa exatamente "sustentabilidade"? E como é que podemos determinar se a alcançámos ou não? Embora no capítulo 3 eu aborde mais detalhadamente as questões conceptuais relacionadas com a sustentabilidade, há um aspeto importante a ter em conta. Determinar se um sistema é sustentável exige que se estabeleçam fronteiras em torno dos processos e elementos que estamos a incluir no sistema e que se definam critérios de desempenho de acordo com os quais se pode dizer que o sistema persistiu, é saudável, possui resiliência ou algo semelhante. Fazer isto exige que façamos escolhas normativas defensáveis relativamente aos sistemas que é interessante e útil analisar e aos elementos e processos desses sistemas que queremos manter. A visão institucional da sustentabilidade agrícola de DeGregori dá prioridade aos problemas de produção e produtividade com base na preocupação com os direitos e o bem-estar dos mais pobres. DeGregori está bastante confiante, com base no pedigree estatístico da revolução verde, de que as instituições de investigação e desenvolvimento podem resolver estes problemas através do progresso tecnológico, se forem libertadas de modos cerimoniais de justificação injustos. No entanto, os termos "invidioso" e "progresso" desmentem uma circularidade normativa que, na minha opinião, resulta de um tratamento incorreto da descrição pragmatista dos valores. Em particular, há uma confusão relativamente às mensagens descritivas e prescritivas da ética pragmática. Para vermos isto, e como se relaciona com a nossa questão da sustentabilidade, vejamos um pouco mais de perto.

Poderíamos perguntar a um economista institucional, nesta altura, o que torna os padrões cerimoniais de mandato "invidiosos". A resposta, tanto quanto me é dado perceber, é que justificar acções ou políticas com base na tradição ou na autoridade é problemático quando serve os interesses daqueles que fazem a justificação e prejudica aqueles que têm de cumprir as regras estabelecidas. Tomemos, por exemplo, alguém que critica uma prática como sendo insustentável com base no facto de não estar em conformidade com a forma tradicional de fazer as coisas numa determinada cultura. Na medida em que a tradição é a única justificação racional e na medida em que a tradição beneficia o membro que faz a justificação, mas prejudica o indivíduo que pratica a prática, há motivos óbvios para criticar esta justificação. No entanto, estes motivos não se prendem apenas com o facto de a justificação citar a tradição, uma vez que as tradições podem ser uma parte importante daquilo que faz com que a vida valha a pena ser vivida. É o facto de a justificação reificar a desigualdade e a injustiça. E não é claro para mim que a desigualdade ou a injustiça sejam problemáticas por razões instrumentais; ou que não sejam elas próprias tradições normativas que usamos para discernir e interpretar problemas. A questão, neste caso, é que não conseguimos distinguir entre a imagem descritiva de como uma norma surgiu relativamente a um problema particular e a afirmação normativa de que esta norma é justificada, ou correta e boa. Efetivamente, a distinção cerimonial/instrumental parece dar por adquirido que alguns problemas merecem ser resolvidos e outros não, sem racionalizar as normas utilizadas para fazer esta distinção.

Vejamos um exemplo: considere-se um caso em que um governo justifica as violações dos direitos humanos com base no facto de serem necessárias para a prosperidade económica e a segurança da nação; por outras palavras, alegando que certos direitos colectivos - as condições económicas para a prosperidade universal e a segurança nacional, por exemplo - prevalecem sobre outros, como o direito de voto, a liberdade de expressão e de associação, a religião e outros.[22] A justificação de tais reivindicações pode ser que os direitos e liberdades individuais específicos encontram os meios para a sua realização no sucesso do corpo coletivo: que o voto não serve de nada a uma sociedade sem pão.

Neste caso, a crítica institucional não parece ser muito útil. A justificação para certas violações de direitos é precisamente o facto de serem componentes necessárias de um sistema político capaz de satisfazer as condições fundamentais da vida humana; trata-se, por outras palavras, de uma justificação instrumental relativa às condições práticas para a solução de problemas crucialmente importantes da vida humana. Na medida em que essas medidas fizeram parte de uma abordagem que reduziu a pobreza e proporcionou melhores padrões de vida para todos, poder-se-ia pensar que esses abusos são instrumentalmente justificados.

O problema, em vez disso, estamos inclinados a dizer, é que, na medida em que estes direitos humanos básicos não foram respeitados, as justificações que invocam o aumento do nível de vida ou a provisão de certos direitos fundamentais são tergiversações; as medidas de sucesso estão incorretamente estabelecidas. É possível justificar a tentativa de defender todos os direitos humanos universais e o seu

[22] Este é, de facto, o tipo de argumento que os diplomatas chineses oferecem aos diplomatas ocidentais em resposta às críticas relativas ao historial do governo em matéria de direitos humanos. Ver http://news.xinhuanet.com/english/2005- 12/12/content 3908887.htm para um exemplo deste tipo de argumento.

fracasso por razões pragmáticas, mas não violar propositadamente alguns como meio de alcançar outros. Com efeito, um compromisso deste tipo revela uma falta de respeito e de preocupação adequados pelos seres humanos, uma insensibilidade em relação ao bem-estar e à dignidade do indivíduo com base numa ideia abstrata do coletivo. Nestas condições, não pode haver qualquer compromisso significativo com os direitos humanos, uma vez que as bases fundamentais da dignidade humana - a autonomia moral e política - são sacrificadas a uma entidade abstrata cuja "prosperidade" e "segurança" não têm qualquer relação necessária com o processo racional de determinar coletivamente os princípios adequados que governarão todos.

Penso que isto serve como uma forte analogia para os problemas com a visão da sustentabilidade que nos é dada por DeGregori. DeGregori afirma que as provas são claras: a tecnologia, quando não controlada por interesses conservadores insidiosos, demonstrou e continua a demonstrar grande poder para ultrapassar as limitações da capacidade de carga e resolver problemas ambientais. A lógica justificativa da ciência e da tecnologia, que garante quadros teóricos e avaliativos baseados na sua capacidade de resolver com sucesso problemas práticos importantes, está melhor posicionada para orientar a política e a prática agrícola. O problema, neste caso, é que o argumento moral a favor da ciência e da tecnologia se baseia numa imagem descritiva do seu avanço que toma como garantida a validade dos "problemas práticos importantes". Esta atitude partilha os problemas de justificação da aprovação da violação de certos direitos humanos com base na capacidade de um governo que o faz para garantir outros ou melhorar o bem-estar básico: toma a capacidade comprovada de uma instituição como os meios necessários para atingir fins que concordamos serem valiosos como prova de que tem os recursos para determinar os fins e a forma adequada de os valorizar.

2.2.2 Mas a ciência nos libertará

A questão que se coloca à fé de DeGregori na ciência e na tecnologia é a seguinte: "Que problemas éticos agrícolas mais importantes podem ser resolvidos pela ciência e pela tecnologia? A resposta de DeGregori a esta questão, como vimos, é "problemas de produtividade", tanto no sentido de fornecer os meios para atingir níveis de produção adequados para alimentar o mundo de forma económica e de acordo com as preferências dos consumidores, como de resolver a escassez de recursos e as externalidades ambientais, na medida em que constituem ameaças à saúde e ao bem-estar humanos.

A dificuldade normativa para o argumento de DeGregori é que os objectivos de produtividade da AI estão intimamente ligados aos mercados económicos modernos, incorporando apenas os bens que têm valor económico. A visão institucionalista de DeGregori sobre a sustentabilidade diz respeito às propriedades das comunidades científicas e agrícolas: com que rapidez avança a nossa tecnologia, quão promissoras são as nossas perspectivas de ultrapassar a escassez de recursos e com que vontade de adotar novas tecnologias estão os nossos agricultores?[23] Esta é, sem dúvida, uma visão importante e

[23] Os economistas institucionais tentaram modelar isto formalmente em termos do rácio entre os padrões de comportamento cerimonialmente garantidos e os instrumentalmente garantidos nas instituições sociais (Bush 1983).

poderosa. E tem uma implicação política importante e poderosa que não deve ser subestimada: o facto de continuar a fazer crescer as economias e a melhorar os níveis de vida exige um investimento contínuo (talvez sob a forma de incentivos, subvenções, subsídios ou investimento em iniciativas e instituições públicas de investigação) em ciência e tecnologia que prometa aumentar e criar recursos e mitigar a degradação ambiental.

O ponto importante aqui é que a dicotomia entre formas cerimoniais e instrumentais de justificação, que supostamente justifica as abordagens científicas e tecnológicas dos problemas agrícolas modernos, não é um bom guia para determinar antecipadamente os tipos de problemas sociais e ambientais que fazem reivindicações legítimas e importantes às instituições agrícolas. A questão de saber se a norma da maximização do lucro, por exemplo, é justificada em função da sua capacidade de resolver problemas práticos ou em função do seu lugar de destaque teórico na tradição autorizada de Adam Smith não diz nada sobre a legitimidade dos problemas práticos em questão e não reconhece que a atribuição de autoridade a uma determinada tradição ou figura de proa é muitas vezes central para as interpretações do que torna uma situação problemática. Temos de ser capazes de fazer distinções mais finas: entre casos em que uma norma é problemática porque beneficia desigualmente alguns e prejudica outros; porque segui-la cria problemas para a realização de outros valores; porque não fornece uma orientação adequada num caso particular; porque generalizar o seu âmbito para colocar uma obrigação em todos nós cria problemas para a nossa capacidade de continuar a segui-la; ou porque o que parece ser um problema é apenas uma deturpação dos factos. Estes problemas são internos à prática da ciência e navegar bem neles não é redutível à produção de provas e de tecnologias.[24]

À luz deste facto, existem vários desafios importantes ao enquadramento do problema da sustentabilidade por DeGregori, que ele não possui os recursos normativos para excluir. Um desses desafios é o facto de os fundamentos normativos para uma resposta atempada aos problemas ambientais e para uma inovação adequada serem muito mais abrangentes do que a preocupação com o direito dos seres humanos a comerem bem e a não sofrerem com a degradação ambiental aguda. Exemplos deste tipo de desafio podem ser encontrados na ética ambiental baseada no local de Mark Sagoff e Paul Thompson. De acordo com estes pontos de vista, a capacidade de resposta e a inovação adequadas são melhor conseguidas por indivíduos que têm uma forte relação pessoal, cultural e material com um

[24] Jasanoff (2000) escreveu um pequeno artigo que argumenta que as diferenças de opinião sobre a segurança e a aceitabilidade dos OGM não se reduzem frequentemente a versões concorrentes dos factos. Os factos, tais como são, parecem apoiar diretamente a segurança dos OGM. A raiz do conflito, tal como Jasanoff o diagnostica, é a diferença de pontos de vista sobre a forma como públicos divergentes e os seus valores foram incorporados (mais exatamente, deixados de fora) no processo de determinação do que conta como um dano, como avaliar os benefícios previstos, quais são os níveis aceitáveis de risco e como devem ser medidos, quem será responsável por consequências imprevistas e em que consistirá essa responsabilidade, etc. Para Jasanoff, a falta de confiança dos dissidentes nos OGM não resulta muitas vezes de uma incapacidade de apreciar os factos, mas do ceticismo em relação aos conceitos e metodologias utilizados para medir a segurança dos OGM e a sua utilidade pública; e, em particular, que estes processos, ao disfarçarem-se de medidas de risco neutras em termos de valores, não reconhecem adequadamente as fontes e os efeitos dos valores orientados para o mercado e não incorporam valores fundamentais para as concepções públicas de saúde, segurança, qualidade ambiental e sustentabilidade. Suspeito que este facto, por si só, poderia servir de estudo de caso para ilustrar a inadequação normativa da abordagem de DeGregori.

determinado local ecológico. E, muitas vezes, o tipo de inovação mais adequado não é primordialmente tecnológico, mas cultural: descobrir novas formas de respeitar a terra e equilibrar esse respeito com elementos concorrentes da boa vida. Aqui, o desafio é o âmbito dos recursos normativos necessários para alcançar uma agricultura genuinamente sustentável.

Um segundo tipo de desafio, complementar, é que o valor moral e político da agricultura não é adequadamente captado pelas medidas da sua eficiência económica. Há várias formas de resolver este problema. Uma delas é afirmar que a compreensão das condições sistémicas da sustentabilidade agrícola exige que incorporemos a dinâmica dos sistemas sociais, económicos e ecológicos num modelo muito mais amplo. Nas palavras de um defensor local da sustentabilidade agrícola: "A alimentação está ligada a todos os grandes problemas que enfrentamos como sociedade - aumento dos custos médicos, pobreza e fome, declínio dos rendimentos agrícolas, ocupação de terras agrícolas, proteção da vida selvagem, expansão urbana, desemprego dos jovens e comunidades em risco. Estes problemas só serão resolvidos quando ligarmos os pontos" (ROI2008, 4). Ao encarar a agricultura desta forma, é impossível argumentar eticamente a favor de um conjunto de práticas com base apenas na sua capacidade de produção e produtividade. Nesta perspetiva, uma análise adequada dos sistemas de produção agrícola não pode ser dissociada da forma como estes sistemas de produção estão integrados em sistemas sociais, económicos e ecológicos mais amplos e, por conseguinte, ligados a problemas nestes vários contextos.

Uma outra versão desta afirmação geral, que é fundamental para o agrarismo, baseia-se em argumentos que pretendem mostrar que a agricultura tem um papel social ou político especial a desempenhar para além da produção de alimentos e fibras. Uma análise ética de um sistema de produção agrícola, segundo este ponto de vista, teria de incluir indicadores relativos à forma como o sistema desempenha este papel especial.

Estas reconceptualizações dos tipos de problemas relevantes para uma análise ética da agricultura não contradizem a noção de que a suficiência alimentar é um objetivo fundamental da agricultura. Pelo contrário, desafiam a visão industrial da agricultura ao reconceberem o âmbito, os tipos de unidades causais centrais e os limiares funcionais do sistema que queremos que seja sustentável. A questão é que uma abordagem instrumental e orientada para os problemas como a de DeGregori não pode excluir a legitimidade destas reconceptualizações. As instalações de produção à escala industrial e a utilização de máquinas e de tecnologias biológicas e de informação modernas têm-se revelado bem sucedidas na obtenção e manutenção da suficiência alimentar ao longo de um crescimento exponencial da procura. A aplicação destas tecnologias e práticas de produção criou, no entanto, uma série de "problemas práticos importantes" que muitos sugerem exigirem uma inovação nos sistemas de valores sociais e políticos que regem as instituições relevantes para a agricultura. A raiz da perceção destes problemas reside em perspectivas sistémicas abrangentes da relação da sociedade com o mundo natural, que incorporam uma preocupação com os sistemas humanos e ambientais para além do fornecimento contínuo de recursos e satisfações materiais. É para uma dessas perspectivas que me dirijo agora.

CAPÍTULO 3

As visões agrárias de Paul Thompson

"A primeira tarefa da investigação económica é abandonar a ideia aprisionante de gratuidade do homem económico e formular uma conceção do homem que seja simultaneamente exacta e digna do esforço humano"[25]

Paul Thompson analisou com grande lucidez e perspicácia a genealogia da filosofia industrial da agricultura, explicando como esta veio a delinear os problemas relevantes para a agricultura em termos de produção e produtividade. O seu trabalho positivo é dedicado a reformular a forma como definimos o papel político da agricultura na sociedade, reintroduzindo conceitos e enquadramentos éticos que ele considera terem sido ignorados pelas perspectivas económicas. Neste capítulo, concentro-me na sua tentativa de desenvolver uma série de reivindicações agrárias fundamentais que conferem à agricultura uma importância política especial.

Para ver onde Thompson vai buscar o debate sobre a AI, considere-se a evolução histórica do "problema das explorações agrícolas" na economia agrícola ocidental (Sumner et al. 2010, 405). No início, nas décadas de 20, 30 e 40, o problema era que "a agricultura sofria de baixos rendimentos do capital humano e de outros capitais, de baixos rendimentos para as famílias de agricultores e de variabilidade indevida (e especialmente de choques negativos) nos rendimentos e nos retornos dos investimentos" (ibid. 405); ou, por outras palavras, "pobreza grave e dificuldades combinadas com a falta de oportunidades na agricultura" (ibid. 406). Uma série de abordagens políticas, orientadas por modelos e projecções económicas, contribuíram em muito para resolver este problema dos agricultores nas economias ocidentais, em parte através da reafectação da maioria da sua força de trabalho a um sector de emprego não agrícola em crescimento, em parte através de grandes aumentos de produtividade por unidade de trabalho e em parte através de uma variedade de programas de seguros e subsídios que estabilizam e aumentam os preços dos produtos alimentares (ibid. 405-6).

Mas esta abordagem deu origem a novos problemas. Os principais são: (1) atenuar a volatilidade dos preços e alcançar a segurança alimentar nos mercados globalizados; (2) prever e modelar os efeitos económicos da investigação científica e tecnológica financiada com dinheiros públicos; e (3) lidar com excedentes alimentares maciços e falhas ambientais do mercado (ibid.). A abordagem económica para a resolução destes problemas centra-se em formas de a) melhorar o bem-estar económico dos indivíduos, geralmente através da promoção do crescimento económico; e b) aumentar a eficiência alocativa do sistema, através de ajustamentos de preços, melhor acesso à informação e/ou menor regulamentação.

Thompson está empenhado em expandir a perspetiva normativa que serve para delinear o problema agrícola e formular soluções. Interessa-se pelas actividades habituais e práticas diárias necessárias para manter as pessoas sensibilizadas para questões éticas como a desigualdade e a saúde ambiental. Ele toma como ponto de partida três ideais centrais à tradição agrária. O primeiro é a visão jeffersoniana da agricultura como um local importante não só para a criação de recursos para a política,

---

[25] (DeGregori 1978, 17).

mas também para a formação de um bom carácter moral e, consequentemente, para a formação adequada de uma cidadania democrática. O segundo ideal retrata as instituições burocráticas centralizadas e de grande escala como inferiores às pequenas unidades políticas descentralizadas, devido à sua incapacidade de se adaptarem às condições locais e de reagirem rápida e adequadamente aos problemas locais, especialmente quando estes envolvem sincronias de ideias. O terceiro ideal centra-se na articulação de Wendell Berry do modo como as formas de vida agrária, comunitária e prática oferecem potenciais únicos para um tipo de auto-realização baseada no local que se pretende mais significativa e satisfatória do que a alternativa urbana.

Thompson extrai destes ideais fios filosóficos que considera fundamentais para formular e abordar os problemas agrícolas modernos de uma forma que possa concretizar o potencial social e político especial da agricultura: como modelo de sustentabilidade. Na medida em que a sustentabilidade é algo que desejamos, Thompson considera que negligenciamos uma consideração cuidadosa do potencial político da agricultura por nossa conta e risco.

Concentro-me em cinco temas centrais, cada um deles destinado a fazer com que as posições políticas sobre a agricultura que invocam princípios deontológicos ou utilitários pareçam guias morais menos abrangentes para os problemas agrícolas modernos. Thompson tenta ligar os fios do comunitarismo, da ética das virtudes, da fenomenologia, do pragmatismo e da análise dos sistemas ecológicos com um enfoque agrário nos hábitos e práticas da população rural. O seu objetivo é mostrar como os ideais agrários podem ser um caminho útil para revitalizar as considerações filosóficas que ele considera críticas para abordar as questões da sustentabilidade. De seguida, examino as caraterísticas centrais da refutação de Thompson do "problema da quinta".

Estes são:

1) Uma substituição do sujeito cartesiano, dualista, por uma descrição incorporada do sujeito epistémico e moral.
2) Uma descrição do valor intrínseco que identifica as práticas linguísticas e materiais comunitárias como uma fonte de valores fundamentais; os valores intrínsecos são as normas incorporadas na linguagem e nas práticas que são essenciais para os sentidos partilhados de objetivo e identidade.
3) Uma descrição dos hábitos como bases sociais e sistémicas para uma espécie de ecologia moral conducente à virtude. Um sistema agrícola bem organizado, para Thompson, é politicamente potente na sua capacidade de exemplificar as condições institucionais conducentes à emergência das virtudes agrárias de gestão e autossuficiência.
4) Uma visão da sustentabilidade que integra a ecologia institucional conducente à virtude e a integridade dos sistemas naturais em que se insere e dos quais depende; chamo a isto sustentabilidade integrativa.
5) Um argumento a favor do poder dos ideais agrários para reformular a nossa abordagem do ambiente e trabalhar no sentido de uma sustentabilidade integradora, através da sua promoção

das virtudes agrárias.

Em conjunto, estes cinco elementos constituem o suporte para o apoio de Thompson ao agrarismo, que pretende iluminar o papel especial da agricultura na criação e reprodução de um sistema sócio-ecológico que pode melhorar as nossas vidas e comunidades e, em particular, fazer avançar a nossa procura de sustentabilidade.

3.1 Incorporação incorporada

A discussão de Thompson sobre a incorporação não ocupa uma parte significativa dos seus escritos sobre temas agrícolas, embora constitua uma parte crítica da sua argumentação. Não o interpreto como assumindo uma posição rígida sobre a natureza da subjetividade humana; pelo contrário, leio-o como apontando para certas afinidades entre a tradição filosófica cartesiana que mantém uma separação clara entre sujeito e objeto, mente e mundo, e uma tendência insatisfatória para as modernas concepções económicas de agência restringirem as descrições da vida moral às actividades individuais de classificação das preferências subjectivas e aplicação da racionalidade instrumental. Considero as suas referências a Descartes mais como ferramentas de diagnóstico do que como tentativas de desenterrar os pressupostos lógicos da teoria económica. De qualquer modo, não é de modo algum claro que o dualismo mente-corpo ou o reducionismo metodológico cartesiano[26] impliquem os pressupostos utilitaristas das narrativas económicas da agência. Também não é claro que um enfoque nas preferências e na racionalidade instrumental ou uma adesão ao individualismo metodológico[27] pressuponha o dualismo mente-corpo ou o reducionismo metodológico.

A imagem que Thompson faz do sujeito epistémico e avaliativo centra-se nas práticas materiais, sociais e culturais, por oposição a juízos desinteressados ou preferências subjectivas. Na minha opinião, o empenhamento de Thompson na incorporação serve dois objectivos. Apesar de alguns saltos inferenciais bastante grandes, o objetivo geral de associar o dualismo mente-corpo a concepções económicas de agência parece ser o de que pressupostos diferentes sobre a relação entre sujeito e objeto não suportariam concepções de agência moral e de tomada de decisões colectivas baseadas na racionalidade instrumental. O que Thompson quer que vejamos é que a visão individualista e instrumental da agência não é inevitável; é, de facto, "o fardo moral do qual devemos ser aliviados" ao percebermos que as nossas vidas morais são muito mais complexas e integradas nas circunstâncias materiais e sociais em que vivemos, trabalhamos e nos divertimos (Thompson 2010, 134).[28] Para Thompson, ver a nossa

---

[26] Trata-se do método cartesiano de reduzir ideias duvidosamente complexas às suas impressões ou intuições simples, claras e distintas.

[27] O individualismo metodológico refere-se à escolha dos modeladores económicos para explicar o funcionamento dos mercados, bem como para prescrever alterações aos mesmos em termos das preferências dos indivíduos, agregadas numa população. Esta abordagem foi uma resposta das ciências sociais aos abusos dos conceitos de "espírito coletivo", "identidade comunitária" e "bem social" por parte dos regimes totalitários. Neste aspeto, a posição baseia-se na consideração normativa de que uma abordagem que aceita as preferências individuais sem qualquer crítica (desde que não impliquem a violação de direitos fundamentais) é menos suscetível de cooptação paternalista e totalitária e está mais próxima do pluralismo moral da sociedade liberal-democrática moderna.

[28] Neste ponto, vemos um aspeto em que o relato de Thompson pode ser interpretado como genealógico, de uma forma algo semelhante à foucaultiana ou à wittgensteiniana. Embora nem o enfoque de Foucault no poder nem o enfoque de

subjetividade moral como um exercício primordial de satisfação de preferências retira aos objectos e lugares com os quais interagimos todo o valor possível. Tal posição, pensa ele, não só nos prepara para reconhecer apenas as preferências subjectivas como verdadeiros valores, como também não faz justiça às ideias pós-modernistas de que as normas são histórica e contextualmente incorporadas: obtêm a sua valência a partir das relações que tornam possíveis e sustentam. Thompson diz:

> [A nossa experiência na América do século XXI é a de viver num mundo mercantilizado, um mundo onde interagimos uns com os outros através de trocas constantes. Esta mercantilização é o produto da nossa prática material... Como tal, o hábito de cuidar dos nossos próprios interesses está enraizado em nós. Assim sendo, é natural que nos vejamos como sujeitos que maximizam a eficiência, escolhendo entre um conjunto de futuros possíveis, tal como escolhemos entre um conjunto de barras de chocolate expostas no balcão de uma loja... Mas, de facto, o balcão é um lugar e, se estamos a olhar para as barras de chocolate, os nossos corpos estão nesse lugar. E o lugar fixa e determina a nossa experiência, e não o contrário (ibid. 133).

O segundo objetivo do conceito de incorporação é associar estreitamente a nossa ação moral aos objectos, pessoas e experiências particulares que moldaram as nossas histórias pessoais. Thompson parece pensar que a incorporação pode ser obtida na intersecção de algo como uma fenomenologia husserliana ou heideggeriana e o pragmatismo de Dewey. Embora Thompson se refira a Husserl, Heidegger e às concepções filosóficas alemãs do século XX sobre o "mundo da vida" como fundamentos para a afirmação de que o dualismo cartesiano sujeito-objeto é o produto de uma tradição intelectual contingente, a caraterização que o próprio Thompson faz de uma alternativa parece basear-se fortemente no pragmatismo ético da tradição deweyana.

Esta visão da moralidade centra-se no modo como as normas tornam possíveis várias formas de vida social. Para usar uma analogia wittgensteiniana, as normas são como paus de jardim: o seu tamanho, forma e constituição material não nos são impostos por uma realidade objetiva, nem são apenas produtos de subjectividades individuais; são antes meios de representação que nos permitem fazer uma variedade de coisas no mundo com os outros. Na medida em que as normas morais criam barreiras para fazer algo que nos sentimos obrigados a fazer, há espaço para a crítica e a reformulação (por analogia, medindo uma superfície curva ou em pormenor). Por exemplo, pensar na tomada de decisões morais em termos de racionalidade instrumental e considerar os valores morais como preferências subjectivas permitiu aos investigadores evitar acusações de paternalismo e medir os valores colectivos de uma forma objetiva e quantitativa - isto é, agregando preferências. Mas compreender as nossas vidas morais desta forma tendeu a corroer os sentidos mais amplos de obrigação, responsabilidade e agência, desviando a nossa atenção do "exame da questão de saber o que *devemos* querer ou quais as necessidades que se revelam efetivamente mais satisfatórias", bem como dos tipos de condições práticas e sociais necessárias para produzir indivíduos que querem e são satisfeitos pelas coisas que identificamos (ibid. 61). Estas questões, pensa Thompson, requerem que representemos as normas morais como operativas e aplicáveis nas nossas vidas de formas que vão para além dos nossos

---

Wittgenstein na gramática pareçam adequar-se exatamente à estratégia, parece haver aqui uma semelhança familiar que vale a pena investigar filosoficamente.

direitos individuais ou preferências agregadas.

Para Thompson, o significado e a justificação das normas estão indelevelmente ligados ao processo de inculcação de membros num grupo social, à manutenção dos níveis de coesão social, à realização de projectos públicos, à determinação de identidades colectivas, etc. O "substrato" das normas, por assim dizer, consiste na forma como certos objectos comandam certos tipos de atenção e ação, a estrutura de poder das relações, a composição das nossas narrativas em que damos prioridade a certos resultados, etc.; ou, por outras palavras, os hábitos e práticas básicos que nos permitem fazer coisas úteis com a linguagem, os objectos e as pessoas. Assim, para desafiar uma norma, temos de mostrar como ela conduz a certos problemas práticos que só podem ser resolvidos abandonando ou alterando a estrutura normativa que lhes deu origem: temos de mostrar porque é que um determinado meio de representação falha numa tarefa importante. Para isso, Thompson baseia-se na tradição dos críticos sociais agrários, como Wendell Berry e Albert Borgmann, que consideram que a economia neoclássica moderna (ou "capitalismo") conduz a uma mercantilização desenfreada e, concomitantemente, a uma sociedade atormentada pela alienação, falta de objetivo e ausência de sentido.

A crescente mercantilização da vida nas sociedades capitalistas, pensa Thompson, processa-se através da criação de bens e serviços com três caraterísticas importantes. Em primeiro lugar, o aumento da alienabilidade de um bem ou serviço significa que este pode ser mais facilmente separado de outros bens do mesmo género ou da pessoa e do contexto da sua criação (ibid. 123). O exemplo de Thompson é a música gravada, que pode ser comprada e vendida como um bem claramente separado das pessoas que a produziram ou do contexto da sua produção. Em segundo lugar, a mudança tecnológica impulsionada pelo mercado procura aumentar a *rivalidade* entre os bens, o que se refere "à forma como os bens têm utilizações incompatíveis, obrigando as pessoas a comprarem-nos no mercado com maior frequência" (ibid. 123). Thompson refere a semente terminator como um exemplo clássico de uma tecnologia que separa uma capacidade de um bem, o seu potencial de crescimento de plantas, e a torna incompatível com outra, a sua capacidade reprodutiva, forçando o agricultor a ir ao mercado para ambos os serviços. Por último, as tecnologias capitalistas procuram diminuir o custo de impedir os indivíduos de acederem a um bem ou serviço gratuitamente, aumentando assim a sua dependência das estruturas de mercado que o fornecem. O exemplo de Thompson do chamado *custo de exclusão* é o custo de vedar uma área, talvez para que os visitantes sejam obrigados a pagar um prémio pelo acesso.

A mercantilização da vida que Thompson considera estar a esvaziar as psicologias morais dos indivíduos modernos é motivada por uma analogia. Esta analogia contrasta os tipos de relações com os objectos que Thompson associa à incorporação com aqueles que associa à alienação ou estranheza que pensa serem produzidos pela mercantilização. A analogia da lareira exemplifica as relações corporizadas e baseadas no lugar com objectos e pessoas que Thompson considera serem a) um antídoto para os problemas sociais e ambientais modernos associados a uma cultura individualista, atomista e consumista, e b) bem modeladas pelos ideais agrários.

3.1.1 A analogia da lareira e os efeitos de incorporação das práticas focais

Thompson usa um contraste analógico entre a lareira de antigamente e o moderno sistema de aquecimento central[29] [30] para mostrar como certos tipos de relações práticas com os objectos tendem a dar-lhes, bem como às relações humanas de que necessitam, um tipo de significado que lhes falta quando são mercantilizados. Segundo Thompson, a lareira era uma coisa focal, no sentido em que era um centro de atividade humana que juntava as pessoas para cozinhar, relaxar e aquecer. Cuidar da lareira era uma "prática focal", na medida em que o valor da lareira se repercutia no mundo: na madeira necessária para a acender, nas actividades e utensílios necessários para a cuidar, nos ciclos sazonais de colheita, divisão e empilhamento, etc. Na medida em que estas actividades também exigiam cooperação e colaboração entre as pessoas, construíam e sustentavam um conjunto de relações. Assim, Thompson entende a noção de "prática focal" como "hábitos de vida estabelecidos que conferem um significado e um objetivo *mais amplos* à vida das pessoas" (itálico meu, Thompson 2010, 112).

A introdução do sistema de aquecimento central, no entanto, é suposto ter transformado esta rica matriz de relações numa série de transacções económicas: paga-se a um técnico para o instalar, depois paga-se o fornecimento do combustível para o fazer funcionar e paga-se a sua manutenção. Estas relações são supostamente muito alienantes, em comparação com uma lareira caseira, porque a compra e a utilização do forno só estão relacionadas com os seus produtores e com o contexto de produção através da troca de dinheiro que precipita a sua instalação. A ideia, tal como eu a interpreto, é que construir algo por si próprio (ou melhor, com membros da família ou da comunidade), fazer a sua própria manutenção e fornecer os materiais necessários para o seu funcionamento faz com que se veja o produto sob um aspeto diferente: torna-se uma fonte de orgulho e compreensão; reconhecemos as nossas lutas e esforços nos pormenores da sua estrutura e função; sentimo-nos ligados à coisa como um artefacto do desenvolvimento da nossa identidade e competência; temos uma imagem mais realista dos tipos de esforços, materiais e dependências sociais necessários para sustentar o serviço que presta.

Ao mesmo tempo, os sistemas de aquecimento central apresentam um elevado grau de "rivalidade". Para aquecer a casa, compra-se um forno. Para cozinhar, compra-se um fogão. Para aquecer os dedos dos pés, compra-se compra um aquecedor de ambiente. Para o ambiente, compra-se uma lareira a gás. As lareiras, pelo contrário, podem fazer tudo isto ao mesmo tempo, cortando de imediato as dependências multiplicadas do mercado do proprietário da fornalha e formando um nexo em que estas alegrias e confortos se reforçam mutuamente e estendem o valor às actividades menos hedonisticamente agradáveis necessárias para os obter.

---

[29] Há uma ironia notável na utilização desta analogia por Thompson: Thompson baseia-se no exemplo de um termóstato para explicar o conceito de sustentabilidade integrativa. É, portanto, um pouco estranho que o potencial do sistema de aquecimento central como modelo de sustentabilidade não atenue a força da sua insistência em que tais tecnologias são inerentemente fornecedoras de mercadorias.

[30] Os conceitos de coisa focal e prática focal são retirados por Thompson do estudo de Albert Borgmann (1984), Technology and the Character of Contemporary Life.

O resultado de um mundo cada vez mais estruturado por objectos e relações altamente mercantilizados, segundo Thompson (via Borgmann), é que os "eus" morais dos indivíduos são esvaziados dos conteúdos práticos e comunitários que outrora enriqueciam as nossas vidas. Somos transformados em feixes isolados de preferências, respondendo aos objectos e aos lugares principalmente no modo de consumo: os objectos e os lugares aparecem principalmente no seu aspeto económico, como mercadorias que estão disponíveis para a criação de prazer. Mas o que encontramos se seguirmos esta tendência, pensa Thompson, são vidas desprovidas de objetivo e significado edificantes. Nas palavras de Thompson, "[o]s emaranhados e as complicações de trabalhar as nossas vidas materiais - comer, mantermo-nos quentes, vestirmo-nos, limparmo-nos - podem parecer irritantes, mas podemos descobrir que o facto de nos vermos livres desses emaranhados e complicações nos deixa desintegrados, alienados e à deriva" (ibid. 284).

As afirmações desta secção são, em suma: primeiro, que o conceito neoclássico de homem económico, tal como deriva do sistema de mercado e permeia a nossa cultura, tende a corroer concepções mais robustas e satisfatórias do eu. Concentramo-nos no consumo e na satisfação de preferências subjectivas. Em segundo lugar, a afirmação é que um sentido do eu que reconheça valores externos à própria economia psicológica e, em particular, que perceba que os valores comunitários, históricos e específicos de um lugar são importantes para a nossa atenção e ação, conduz a um melhor carácter moral e a uma vida mais satisfatória. Um aspeto crucial é o facto de Thompson considerar que estes valores adicionais são distorcidos quando representados como preferências ou interesses a maximizar através da racionalidade instrumental. Isto porque a atenção às condições em que surgem e são mantidos mostra que estão integrados de uma forma muito mais complicada nos nossos esforços sociais e práticos. Aqui, a afirmação particularmente agrária é que a organização prática e as caraterísticas tecnológicas da vida de cada um têm um papel crucial na formação do carácter moral dos indivíduos (ibid. 145). Esta última afirmação requer um maior aprofundamento, e é a essa tarefa que me dedico agora.

3.2 . Os Fundamentos Habituais dos Valores Intrínsecos e das Práticas Focais

Para começar, considere-se uma visão pragmatista da forma como as práticas partilhadas, as normas sociais e as crenças dos indivíduos se interpenetram. Um exemplo é o papel do jantar em família como um "local sagrado de comunhão" (Thompson 1995, 19). Valores como a importância da partilha, as boas maneiras, o autocontrolo e a sociabilidade são todos ensinados, reforçados, decretados e justificados através das nossas relações com a comida. Aprendemos não só a agir adequadamente em contextos práticos de preparação e partilha de alimentos, mas vemos o valor de o fazer diretamente através dos resultados positivos e negativos das nossas acções. Sermos responsabilizados pela limpeza de uma confusão que fizemos mostra-nos o valor das boas maneiras ou dos procedimentos estabelecidos para a preparação dos alimentos. O facto de nos ser negada a sobremesa quando devoramos avidamente um prato apreciado ensina-nos a necessidade de partilhar. Ser obrigado a esperar até depois de os convidados terem sido servidos para comer ensina-nos o autocontrolo, a hospitalidade e o respeito.

Nestes casos, embora a linguagem possa ser utilizada para transmitir a mensagem, os aspectos importantes da convergência ética são práticos; nestes momentos, estamos preocupados em reforçar normas que têm como objetivo central fazer as coisas de determinadas maneiras.

A visão agrária, neste caso, partilha afinidades com o trabalho moderno em ética discursiva de autores como Jurgen Habermas e Rainer Forst. Para os especialistas em ética discursiva, os valores intrínsecos podem ser derivados de normas básicas incorporadas na linguagem que proporcionam um terreno comum para a comunicação e a sociabilidade. As normas que regem o que conta como uma explicação ou justificação satisfatória da ação de alguém, por exemplo, incorporam medidas básicas de respeito como condições para o seu significado. Com efeito, o facto de nos sentirmos obrigados a explicarmo-nos implica uma certa preocupação com as percepções e opiniões dos outros. Justificar as nossas acções não faria sentido se não nos importássemos com o que os outros pensam. Para usar o exemplo de Thompson, seria uma norma básica, incorporada na linguagem de uma sociedade de grous que os grous são valiosos e merecem ser preservados; de facto, isto é óbvio. A identidade da comunidade e a capacidade de navegar em iniciativas e ter conversas construtivas dependem deste pressuposto universal. Desafiá-lo é sinalizar que não se é membro do grupo e precipitar uma "procura (talvez fútil) de um valor intrínseco maior e mais abrangente ou talvez uma doutrinação lenta nos modos e práticas dos amantes de grous-cooke que termina com a inscrição na comunidade" (Thompson 2010,143).

A visão agrária, segundo Thompson, é que, uma vez que o fazer e o dizer/pensar estão tão intimamente ligados, as práticas materiais são tão importantes para o significado e a compreensão partilhados como as linguísticas. De facto, para Thompson, "são estas rotinas diárias relativamente irreflectidas que tornam *possíveis* noções de comunidade mais potentes do ponto de vista filosófico e político" (itálico meu, ibid. 153). Entendo que isto significa que os hábitos e práticas partilhados incorporam normas, e a partilha destas normas dá-nos pedaços cruciais de terreno comum a partir do qual podemos construir sentidos mais abstractos e colectivos de identidade e propósito.[31]

Agora, para Thompson, uma vez que as práticas alimentares ligam as comunidades às práticas agrícolas e à terra através de sistemas de produção e distribuição, a forma como adquirimos os alimentos, as opções alimentares disponíveis, a forma como desenvolvemos um sentido de cozinha comunitária, o que é visto como comida saudável, a forma como somos afectados pela sazonalidade e outras coisas semelhantes são locais cruciais onde se podem desenvolver e sustentar valores ambientais mais elevados. O desenvolvimento e a manutenção de valores específicos exigirão que organizemos as nossas práticas comunitárias de forma a que esses valores pareçam naturais e necessários para que os

---

31 Pense-se, neste caso, na forma como os especialistas em ética se baseiam tantas vezes em contextos práticos de escolha para extrair as nossas fortes intuições sobre um determinado assunto. Em seguida, utilizam estas intuições para argumentar a favor da adoção de uma perspetiva teórica ou de um princípio que, supostamente, dá sentido à nossa intuição prática.

nossos projectos diários, semanais e anuais corram bem.

Nesta imagem da relação entre o sujeito moral e a sua comunidade, a noção de valor intrínseco como algo que se impõe aos indivíduos independentemente das preferências ou desejos de qualquer pessoa é subtilmente elaborada: Os valores intrínsecos são aqueles que ninguém numa dada comunidade se sente compelido a desafiar, porque constituem as condições básicas que fazem da comunidade uma entidade com significado e objetivo (ibid. 142-3). Isto não significa que não possam ser postos em causa. De facto, a tarefa de Thompson é, em parte, desafiar a fundamentalidade inquestionável dos interesses de bem-estar subjetivo limitados pelo respeito pelos direitos humanos na nossa perspetiva e prática morais modernas. A questão, tal como a interpreto, é que tais desafios, sob a forma de razões para acreditar ou comportar-se de forma diferente da nossa, só nos podem levar até certo ponto. Uma coisa é aceitar a narrativa de que a maximização racional do interesse próprio tende a esvaziar a nossa psicologia moral, outra coisa é começar a ver as coisas como valiosas de novas formas. Para esta última, são necessárias mudanças mais abrangentes no nosso meio cultural. E isto mostra a independência de tais orientações de valor em relação à subjetividade moral do indivíduo que sustenta as descrições de "valor intrínseco".

Segundo Thompson, o restabelecimento de "práticas focais" de certos tipos é um meio importante para alcançar e sustentar uma psicologia moral mais robusta, na qual os valores ambientais e comunitários podem (re)ganhar o seu estatuto de intrínsecos. Na descrição de Thompson, posso discernir três propriedades gerais das práticas focais que se destinam a contrariar as forças de mercantilização e a expandir a nossa economia moral da forma desejada: Em primeiro lugar, é suposto encorajarem um envolvimento hábil com um objeto, lugar ou pessoa que se baseia nas suas propriedades e potencialidades únicas (ibid. 113, 115). Tal como acontece com a lareira, os agricultores[32] praticam a agricultura focal, no sentido em que é suposto estarem em sintonia com os meandros da sua terra e dos seus animais e devem possuir um conhecimento considerável sobre eles para poderem trabalhar bem. No entanto, a exploração agrícola mecanizada, informatizada e modernizada terá mediado estas relações particularizadas com as mercadorias, de tal modo que "qualquer idiota... pode comprar as competências de gestão associadas à agricultura de precisão", levando o agricultor a interagir cada vez mais com a sua terra e os seus animais como factores de produção ou unidades de produção cujo valor consiste, em grande medida, na sua capacidade de gerar lucro (ibid. 119).

Em segundo lugar, as práticas focais "unificam e harmonizam experiências fragmentadas num todo mais satisfatório" (ibid. 111). É suposto que o façam pelo menos de duas maneiras: (a) tornando óbvio o valor de um aspeto da experiência em relação a outro, e (b) difundindo o valor de cada elemento para os outros. A agricultura focal, por exemplo, é suposto unificar a experiência no sentido em que

---

[32] Utilizo este termo, juntamente com Thompson, na tradição americana, onde era utilizado para designar os pequenos proprietários de terras, não escravos, principalmente agricultores familiares de subsistência com tecnologias de povoamento precoce, tais como arados de aiveca puxados por cavalos, cultivadores, ancinhos de feno, etc.

torna óbvias as dependências entre as caraterísticas únicas da topografia de um lugar, o tipo e a qualidade do solo, o clima, os ciclos sazonais, a ecologia, etc., e as actividades humanas que as transformam em bens e serviços que sustentam a vida. Na moderna exploração agrícola industrial, pensa Thompson, a linha de dependências conduz mais obviamente ao ponto de venda local de produtos agrícolas e às cadeias de abastecimento que o mantêm abastecido de bens acessíveis, mascarando assim a dependência mais fundamental do agricultor em relação à sua terra.

Considero que o segundo mecanismo de harmonização é um produto do primeiro. Quando temos uma ligação íntima com as várias tarefas, materiais e processos naturais necessários para produzir um bem, essas tarefas, materiais e processos naturais entram em narrativas culturais que supostamente os protegem contra a "'direção tecnológica para fins e meios'" (Borgmann in Thompson 2010, 115). Thompson parece sobretudo afirmar isto. Mas a ideia, pelo menos no caso da agricultura focal, parece ser a de que o sistema agrícola dirige as actividades dos agricultores, por assim dizer, a partir do exterior. A integridade do sistema, os seus ciclos reprodutivos, ligam o valor de cada tarefa a um sistema que não tem fins ou meios claramente separáveis (Thompson 2010, 115). E uma tarefa é valiosa não apenas devido ao seu efeito próximo, mas devido ao seu papel numa rede de outros processos valiosos que mantêm o sistema a funcionar.

Em terceiro lugar, é suposto as práticas focais organizarem o comportamento humano em relações de dependência mútua que são simultaneamente localizadas e suficientemente pequenas em escala para serem facilmente discerníveis, constituindo assim alvos mais claros de respeito e cuidado, mas também suficientemente desligadas de outros agrupamentos sociais para serem distintas e auto-suficientes (ibid.115). As tecnologias e práticas agrícolas yeoman, para Thompson, criaram uma organização social de pequenas comunidades descentralizadas que se centravam na produção de alimentos e fibras. Cada papel na comunidade agrícola tinha um significado que ia para além da satisfação das preferências individuais: era uma parte discemivelmente necessária da subsistência colectiva local. Segundo a história, estas relações de dependência mútua e de destino partilhado, a uma escala razoável, subjaziam valores de respeito, cuidado, convívio, reciprocidade, lealdade, humildade, responsabilidade, trabalho árduo e disciplina, cada um dos quais com um carácter único baseado nas particularidades das pessoas e dos locais em que existia (Thompson 1995, 80-1).

[thth]É importante notar, neste ponto, que, embora a agricultura yeoman sirva de exemplo para a discussão de Thompson sobre práticas focais, não considero que ele esteja a defender um regresso às tecnologias e instituições sociais da América do século XIX e do início do século XX. O quadro que temos estado a pintar é romântico, mas não o é univocamente na escrita de Thompson. Thompson reconhece os aspectos preocupantes das sociedades agrárias de outrora: xenofobia, ignorância, patriarcado, pobreza, escravatura (Thompson 2010, 117-18). [th]Por isso, Thompson não pensa claramente que a virtude se acumula única ou necessariamente através da participação nas tecnologias ou

instituições sociais do século XIX. No entanto, ele e os seus parentes estão interessados em separar os aspectos focais da agricultura yeoman, cuja perda levou ao "desaparecimento do lugar, à dissolução da comunidade e à dissipação da virtude humana" (ibid. 118). Embora não seja inteiramente claro como Thompson pode navegar nesta tensão, os resultados morais edificantes das práticas focais são supostamente obtidos, como vimos, quando são dirigidos a um dado objeto, lugar ou pessoa de uma forma a) que está em sintonia com as suas caraterísticas únicas e não é mediada por forças de mercantilização, b) que o valoriza de acordo com o seu papel e carácter na forma de vida partilhada e não meramente como um meio para satisfazer as preferências subjectivas de cada um, e c) que é suficientemente localizado e reduzido para que as dependências e interesses mútuos dos sistemas que o sustentam sejam óbvios e acessíveis para uma gestão cuidadosa.

3.3 Os hábitos, o carácter moral e as virtudes agrárias

Até agora, temos vindo a construir um quadro em que determinados tipos de empenhamento prático promovem determinadas orientações de valor, orientações essas que Thompson considera em termos de incorporação e de integração num lugar. Além disso, explorámos a afirmação de que os compromissos práticos agrários com os lugares locais promovem uma psicologia moral e uma ecologia moral comunitária mais robustas e satisfatórias do que as práticas e rotinas da agricultura industrial moderna. Nas palavras de Thompson:

> A preocupação moral primordial que emerge da mentalidade agrária está centrada na forma como... as práticas materiais quotidianas estabelecem padrões de conduta que conduzem à formação de certos hábitos. Estes hábitos tornam-se naturais para as pessoas que os praticam repetidamente e tornam-se a matéria do carácter moral pessoal. Quando esses hábitos são partilhados por todo um local, formam a base dos laços comunitários e tornam-se caraterísticos dos residentes. As actividades de produção e consumo de alimentos estão fortemente ligadas a práticas materiais repetitivas. Além disso, estas práticas localizadas são moldadas pela tradição e pela geografia, pelas condições do solo, da água e do clima (Thompson 2010, 39).

Para Thompson, no centro da abordagem agrária estão as noções de que "a moralidade pode estar enraizada na experiência de trabalho das pessoas rurais" (ibid. 104) e que "os administradores agrários permitem que a natureza tenha uma voz forte na escolha dos nossos objectivos" (ibid. 83). O que se pretende dizer com isto é que existe um certo tipo de virtude, que está atualmente em falta nas sociedades urbanas e capitalistas, que um estilo de vida rural agrário, tipificado por práticas focais de produção de alimentos e fibras, está numa posição única para criar, e que esta virtude é desejável para o mundo em que vivemos hoje. Passo agora a uma exposição das principais virtudes agrárias que Thompson considera oferecerem orientação para a resolução dos problemas ambientais e sociais actuais.

3.3.1 Mordomia

Para Thompson, a gestão agrária incorpora um conjunto de hábitos de pensamento e de ação que desempenham um papel crucial na formação de um vasto leque de outras virtudes. Crítica no contexto da ética ambiental, a gestão agrária é suposto reconciliar a tensão entre a necessidade auto-interessada de o agricultor produzir e a necessidade de estar atento à saúde ecológica (Thompson 1995, 74). Thompson afirma:

[A gestão agrária significa usar a natureza para o florescimento humano em vez de a preservar num museu, mas também implica uma apreciação fina dos constrangimentos implícitos nos ecossistemas onde a vida humana existe... Longe de ver a natureza como algo a ser utilizado ou dominado, o gestor agrário procura na natureza um sentido de lugar, uma compreensão da estrutura subjacente que informa os valores pessoais e dá sentido à vida humana (Thompson 2010, 82).

No trabalho anterior de Thompson, ele parece um pouco mais preocupado com o facto de a gestão, como forma de prudência elaborada, estar fundamentalmente enraizada nos interesses humanos (Thompson 1995, 83-92). Os interesses pessoais de um agricultor são difundidos para o seu agro-ecossistema, atendendo a ele como uma coisa focal; isto é, procurando cuidadosa e laboriosamente a sua satisfação de acordo com as suas capacidades únicas. A integridade a longo prazo do seu agro-ecossistema destina-se a tornar-se o seu interesse através do reconhecimento da sua dependência dele (ibid. 74).

A primeira preocupação é que, descrita desta forma, a gestão nem sequer é uma noção propriamente moral, uma vez que alarga o âmbito dos interesses de um agricultor individual ao seu agro-ecossistema, mas parece permanecer puramente auto-considerativa. No entanto, Thompson considera que este problema pode ser resolvido se nos centrarmos na forma como as boas práticas de gestão devem ser integradas numa ecologia social juntamente com a natural. Segundo este ponto de vista, os agricultores baseiam-se nos direitos de propriedade, nas suas relações familiares, nos serviços comunitários e na cooperação de outros agricultores locais para poderem gerir bem as suas terras. Assim, o interesse permanente do agricultor, através da sua terra, na "estabilidade e proteção a longo prazo" da comunidade política local transforma a auto-consideração em interesses alheios (ibid. 78). E onde as comunidades são entidades significativas que contribuem para o sentido de identidade e propósito do agricultor, o interesse de cada agricultor na estabilidade e saúde da sua região - ecológica, económica e política - é transformado (ta da!) numa obrigação de cultivar bem para que os efeitos das suas práticas agrícolas não prejudiquem os outros (ibid. 86-7).

O segundo problema é que a gestão parece estar em desacordo com a preservação das ecologias *selvagens*: se a gestão está enraizada em considerações prudenciais decorrentes dos interesses de subsistência de um agricultor, então o valor da natureza parece derivar principalmente da sua capacidade de satisfazer esses interesses através da produção agrícola, e não do que ela é por si só (ibid. 87-8). Teremos, então, razões para a preservar apenas em prol da futura produção agrícola. A solução de Thompson para este problema é um pouco menos clara. No seu trabalho inicial, ele refere-se favoravelmente à confiança de Wendell Berry nos interesses estéticos humanos e à necessidade de compreender o funcionamento da natureza selvagem para ser capaz de a administrar bem (ibid. 91-2). No entanto, o seu trabalho posterior parece basear-se em formulações subtilmente diferentes destes pontos de vista. Em primeiro lugar, Thompson afasta-se das referências a valores estéticos e adopta a noção de prática focal de Albert Borgmann, como vimos anteriormente. Em segundo lugar, Thompson atribui aos agrários um conhecimento ecológico implícito da estrutura de dependências e reciprocidades socio-naturais que são necessárias para manter uma comunidade agrícola a funcionar. Parece melhor pensar nisto como um tipo de saber como, que é relevante para a gestão de um sistema agrícola, em oposição ao conhecimento explícito obtido a partir de teorias e modelos ecológicos. E este saber-fazer prático é suposto preparar aqueles com estilos de vida agrários para serem capazes de ver como o seu sentido de lugar, objetivo e identidade depende e se desenvolve a partir das capacidades naturais das ecologias selvagens locais.

Ora, não é imediatamente óbvio por que razão as práticas agrícolas de pequena escala, diversificadas e de propriedade/exploração familiar deveriam estar numa posição única para promover o cuidado e a preocupação com as ecologias cultivadas e selvagens, bem como um sentido de lugar satisfatório no seu seio. Embora Thompson não esclareça o mecanismo segundo o qual o saber-fazer prático é transformado em valores comunitários e naturais politicamente apoiados, ele oferece a seguinte descrição de como os interesses dos agricultores industriais se divorciam da terra.

Em primeiro lugar, os agricultores industriais exigem que a terra permaneça produtiva apenas o tempo suficiente para acumularem capital suficiente para poderem comprar mais, aumentar a capacidade produtiva da terra através da aquisição de tecnologia ou de factores de produção, ou investir numa empresa mais rentável (Thompson 1995, 84). Isto significa que os agricultores industriais não são incentivados a pensar na integridade da terra a longo prazo. Em segundo lugar, a dependência do agricultor em relação à terra e aos processos ecológicos é mediada pelo capital (ibid. 85). Quando os interesses do agricultor são servidos principalmente através do comércio de mercadorias com fins lucrativos, pensa Thompson, os aspectos particulares da fertilidade da terra que produzem o material básico de subsistência deixam de ser o ponto focal da agricultura. Em vez disso, os padrões de oferta e procura, a produtividade da concorrência e a rentabilidade do emprego de vários métodos tecnológicos de produção tornam-se o foco do agricultor. Os agricultores não precisam de prestar a mesma atenção ao equilíbrio entre a atividade agrícola e a produção e aplicação de fertilizantes a partir de terras de pastagem através do gado, uma vez que é geralmente mais rentável especializar a sua infraestrutura para produzir um ou outro, comprando os nutrientes ou alimentos necessários como factores de produção.[33] Por este motivo, pensa Thompson, a terra e os elementos da sua fertilidade aparecem principalmente nos seus aspectos como mercadorias permutáveis que podem ser substituídas por capital. O agricultor deve, portanto, considerar-se mais dependente do capital do que dos fluxos de recursos ecológicos. Os seus interesses alinham-se com as exigências do mercado em detrimento dos conhecimentos e valores ecológicos e comunitários: enquanto que os agricultores de pequena escala, diversificados e auto-suficientes são incentivados pelos seus interesses a fazer uma boa gestão, "a economia promete selecionar a favor dos agricultores que maximizam os lucros através da aplicação agressiva da

[33] Ver, por exemplo, Slade e Hailu (2014) para uma análise económica da vantagem competitiva da especialização na indústria dos lacticínios. Note-se, no entanto, que quando a competitividade é definida apenas em termos de rentabilidade ano após ano, são ignorados os possíveis benefícios da diversificação, tais como a segurança e a regularidade dos custos de fornecimento de factores de produção, o controlo da qualidade dos factores de produção, a redução das despesas de carbono no transporte, a variedade de utilizações do solo que podem ser adaptadas a diferentes ecótopos agrícolas, a menor monotonia para os trabalhadores agrícolas, etc.

tecnologia" (ibid. 84). É o que se vê no exemplo do adiamento moral dos agricultores para o mercado citado na secção 1.2.3: "[n]ós não somos guiados por conceitos ideológicos, pelo politicamente correto ou por convicções ambientais; somos guiados pelo mercado. Os agricultores respondem sempre aos incentivos do mercado e produzirão alimentos suficientes utilizando combinações de métodos convencionais e biológicos para maximizar os seus rendimentos líquidos individuais" (Hendrix 2007, 85; in Badgley 2007). O agricultor industrial deve, portanto, ver-se a si próprio como um ator económico, desvinculando assim os seus interesses de tudo o que não seja o capital.

3.3.2 Autossuficiência

A autossuficiência é a segunda virtude agrária fundamental. De um modo geral, "a autossuficiência", para Thompson, "é um hábito de iniciativa pessoal, mas também um hábito de confiar na própria experiência e não nas convenções" (Thompson 2010, 83). Ora, um elemento importante da autossuficiência já foi referido na nossa discussão sobre a mordomia: a autossuficiência é o antídoto para os males da mordomia que corrompem a dependência do mercado. A este respeito, a autossuficiência é uma virtude que exige a diversidade das pequenas explorações: depender principalmente de tecnologias e conhecimentos que uma unidade familiar pode empregar e fornecer uma grande parte das suas necessidades alimentares e de fibras diretamente a partir do seu próprio agroecossistema exige ter uma horta, criar animais, manter um bosque, gerir os recursos hídricos, cultivar cereais para alimentação e feno, e muitas outras práticas. Os hábitos envolvidos na manutenção destas práticas, na opinião de Thompson, têm dois efeitos primordiais no carácter dos agricultores, para além de sensibilizarem o agricultor para o "feedback da natureza" através da gestão, que são pertinentes para uma ética agrícola (ibid. 57). Um deles é evitar a indulgência em excessos consumistas, e o outro é promover uma relação edificante com o trabalho.

Em primeiro lugar, a autossuficiência é suposto tornar óbvios os pontos de dependência dos agricultores em relação aos processos ecológicos, bem como o trabalho e a competência necessários para fornecer as necessidades e os confortos da vida. Aqui, a autossuficiência é proposta como o antídoto específico para o aviso geral de Leopold sobre os "dois perigos espirituais de não possuir uma quinta", que são "o perigo de supor que o pequeno-almoço vem da mercearia e... que o calor vem da fornalha" (Leopold 1949, 6). Não se supõe que os perigos sejam simplesmente epistémicos; pelo contrário, eles são que, na falta de um conhecimento prático do que é necessário, tanto em termos ecológicos como em termos de suor humano e solidariedade comunitária, para manter a comida na mesa, os desejos naturais de consumo dos indivíduos tornar-se-ão obsessivos e insaciáveis, as suas exigências em relação à natureza e ao sistema alimentar serão irracionais e a sua concentração nos seus próprios interesses subjectivos será moralmente incapacitante.

Para Thompson, os agricultores auto-suficientes existem no seio de uma ecologia prática e social em que muitas forças opostas são supostas impedi-los de desenvolver hábitos excessivos. Aqui, encontramos mais diretamente uma psicologia moral aristotélica, na qual os excessos e as deficiências são concebidos como desvios de um equilíbrio cuidadosamente selecionado nas respostas e acções emocionais de cada um. Ora, este equilíbrio é, em última análise, alcançado, na ética aristotélica, através do exercício hábil das nossas capacidades racionais. No entanto, o foco agrário está na noção de que, para desenvolver e manter essas capacidades racionais, é preciso primeiro habituar-se ou treinar formas de pensar e agir que conduzam ao desenvolvimento de disposições que não sejam excessivas ou deficientes (Kraut 2014). E isso é feito, para Thompson, situando-se dentro de uma forma de vida que incentiva hábitos e práticas equilibrados e desincentiva os excessivos (Thompson 2010, 81). A autossuficiência agrária destina-se a fornecer esta estrutura, equilibrando os nossos interesses em termos de prazer, conforto e consumo com um conhecimento imediato dos processos ecológicos, do trabalho humano e dos sistemas sociais necessários para satisfazer esses interesses. Somos impedidos de consumir em excesso, por exemplo, pelo facto de sabermos que teremos de trabalhar mais do que o habitual para obter os consumíveis adicionais, que as nossas ecologias locais sofrerão uma degradação devido à exploração excessiva ou à poluição excessiva, ou que alguém da nossa família ou comunidade próxima será obrigado a passar sem eles. Somos impedidos de ser demasiado individualistas, auto-engrandecedores ou egoístas porque a nossa autossuficiência torna óbvia a nossa vulnerabilidade e dependência da família e dos membros da comunidade em tempos difíceis (ibid. 81). Supõe-se que a autossuficiência tenha estes efeitos porque, na gestão de um sistema agrícola social e ecologicamente integrado, os custos que são externalizados, o trabalho que é adiado, os erros que não são corrigidos, todos têm efeitos tangíveis na capacidade a longo prazo do agricultor de alcançar uma vida confortável.

Em segundo lugar, Thompson combina a imagem romântica do trabalho agrícola de Wendell Berry com a descrição das práticas focais de Albert Borgmann para avançar a noção de que o carácter do trabalho nas explorações familiares auto-suficientes forma uma espécie de ecologia que dispõe os indivíduos para o equilíbrio e o desenvolvimento de hábitos virtuosos. A diversidade das tarefas e o imediatismo da relação entre o trabalho e os seus frutos, como vimos na discussão das práticas focais, destinam-se a dar à vida um tipo de significado, uma qualidade gratificante, que falta ao trabalho por um salário (ibid. 83). Aqui, mais uma vez, encontramos a noção de que trabalhar para a subsistência em todos os aspectos de um sistema agro-ecológico dispõe os agricultores a "experimentar as implicações mais amplas dos seus actos" e proporciona muitas e diversas oportunidades para desenvolver as suas identidades através do trabalho (Thompson 1995, 79). Para Thompson (via Berry), o trabalho especializado, incentivado pelo salário, organiza a vida dos trabalhadores de tal forma que estes tendem a ver o trabalho como um meio para obter um salário e um fim de semana livre. Mas ver o trabalho desta forma negligencia o seu potencial como "um momento decisivo na formação do carácter e da identidade" (ibid. 79). Thompson diz que "[a] rica gama de tarefas produtivas na quinta oferece ao agricultor muitas oportunidades de auto-criação e auto-expressão através do trabalho" de uma forma única que não é suposto estar tão prontamente disponível para empregados agrícolas especializados ou trabalhadores assalariados urbanos (ibid. 80).

Note-se, no entanto, que Thompson está a utilizar a autossuficiência de uma forma bastante vaga. Não é claro até que ponto se deve depender exatamente do próprio indivíduo para que as virtudes se acumulem. A caraterização de Thompson da autossuficiência como "um hábito de iniciativa *pessoal*" deve ser elaborada à luz das suas afirmações posteriores (itálico meu, Thompson 2010, 83). O ponto principal parece ser que os sistemas mais pequenos de organização humana, que dependem mais diretamente de uma variedade de processos ecológicos específicos e de relações sociais de uma forma que não é padronizada ou mediada por trocas de capital, tendem a ter um sentido mais matizado e holístico e a respeitar a estrutura socio-natural das dependências.

3.4 Sustentabilidade Integrativa

Até agora, temos estado a explorar a noção de que as práticas agrícolas focais podem ser portadoras de importantes virtudes ecológicas e comunitárias. Apesar da considerável ambiguidade quanto aos mecanismos que ligam as práticas agrícolas focais às virtudes comunitárias e ecológicas, Thompson considera que estas virtudes são cultivadas através de uma relação de trabalho próxima e atenta com a terra. Mas é claro que nem toda a gente pode ser ou quer ser agricultor. E não parece razoável supor que as virtudes ecológicas e comunitárias estão simplesmente fora do alcance dos citadinos, que a verdadeira sustentabilidade só é possível no campo. Para contornar tal conclusão, Thompson tenta reunir o seu quadro concetual preferido para avaliar a sustentabilidade com os seus ideais agrários, argumentando que os ideais proporcionam indicadores acessíveis e motivadores para modelos de sustentabilidade mais complexos. Desta forma, cultivar uma cultura em que os ideais agrários tenham ressonância torna-se uma abordagem política viável para alcançar a sustentabilidade.

A primeira medida consiste em adotar um quadro concetual inspirado na ecologia para pensar a sustentabilidade, a que Thompson chama "integridade funcional", por oposição ao quadro contabilístico da "suficiência de recursos" proveniente da economia. Ambas as concepções de sustentabilidade funcionam com recurso a modelos complexos de interações sistémicas. As "interações sistémicas", em ambos os quadros, referem-se a padrões relativamente estáveis de interação entre unidades de um sistema ao longo do tempo. Os tipos de interações que interessam aos que abordam a sustentabilidade através da lente da suficiência de recursos são principalmente as relações entre o consumo e as reservas de recursos disponíveis e, no caso dos recursos renováveis, as suas taxas de regeneração. Os sistemas sustentáveis são concebidos como os sistemas que consomem recursos essenciais a um ritmo que não os esgota durante um determinado período de projeção. Os padrões de consumo considerados sustentáveis dependem do período de tempo escolhido, do ritmo a que o recurso é consumido, da quantidade de stock disponível e/ou da sua taxa de renovação, e da confiança na inovação tecnológica para ultrapassar uma eventual escassez (Thompson 2010, 223-5).

O fundamento ético para medir a sustentabilidade desta forma é proteger os direitos básicos ou maximizar o bem-estar dos seres humanos actuais e futuros (ibid. 225). As concepções variam entre fracas e fortes, consoante o grau de desconexão entre o bem-estar humano e as existências reais de recursos: a sustentabilidade fraca defende que a diminuição ou o esgotamento das existências de recursos não prejudica os seres humanos actuais ou futuros, desde que seja possível manter os serviços essenciais para um nível básico de bem-estar humano através da aplicação do capital acumulado (em especial, a tecnologia) para aumentar os recursos diminuídos ou criar novos recursos (ibid. 230). A sustentabilidade forte defende que os recursos naturais têm um valor de bem-estar que não pode ser substituído pelo capital ou pela tecnologia e, por conseguinte, que os direitos ou o bem-estar das gerações futuras ficam comprometidos quando as reservas de recursos críticos, como a água potável, os solos férteis e a diversidade genética, diminuem, mesmo que não haja qualquer efeito na nossa capacidade produtiva.

O quadro de integridade funcional difere em dois aspectos importantes. Em primeiro lugar, centra-se principalmente na capacidade dos sistemas de se reproduzirem ou renovarem. A abordagem da integridade funcional pressupõe certas entradas relativamente constantes num sistema e mede se as unidades de um sistema estão organizadas para interagir de forma a que os critérios de desempenho predefinidos sejam mantidos dentro de limiares relativamente estáveis (Thompson 1995, 155). Por conseguinte, é necessário (a) traçar limites em torno de um sistema, de modo a que alguns processos sejam considerados internos e outros externos ao funcionamento do sistema, (b) definir limiares de acordo com os quais se pode dizer que o sistema está a funcionar corretamente e (c) determinar quais os elementos sistémicos (unidades) e interações que produzem e sustentam as capacidades ao nível do sistema que são identificadas como constituindo um funcionamento adequado.

Em segundo lugar, os valores metodológicos e morais permeiam o processo de delimitação de um sistema, determinando os seus limiares de desempenho e agrupando os elementos em unidades funcionais mensuráveis. A delineação de um sistema ocorre sempre no contexto de algum sentido de objetivo para o fazer. Os objectivos do investigador podem ser disciplinares, no sentido de fazer avançar alguma técnica de modelação, podem ser prudenciais, no sentido de evitar um problema potencial, podem ser pessoais, no sentido de serem motivados por experiências e paixões pessoais, ou podem ser morais, no sentido de resultarem de alguma conceção do que é esperado, justificável, correto ou bom em geral. Do mesmo modo, a definição de critérios de desempenho e a categorização dos componentes do sistema em unidades funcionais ocorrem em relação a uma certa noção do que é interessante, útil, belo ou semelhante no sistema em análise.

Thompson defende que a integridade funcional é um quadro mais adequado para avaliar a sustentabilidade por 3 razões: em primeiro lugar, "uma vantagem filosófica da integridade funcional é que a linguagem em que a sustentabilidade é articulada investe o sistema de interesse com significado de uma forma óbvia" (Thompson 2010, 251). Isto porque é necessário considerar de forma bastante explícita as razões para delinear um sistema de uma determinada forma e estabelecer determinados limiares como critérios de desempenho. Por outro lado, a avaliação da sustentabilidade em termos de tendências de consumo e stocks de recursos tende a obscurecer o papel que os valores podem estar a desempenhar, apresentando as previsões como medidas científicas sem valor. Vimos como isto pode funcionar na análise do argumento da produção na secção 1.3. Neste caso, as tendências que parecem disfuncionais são utilizadas como medidas dos constrangimentos sob os quais a agricultura deve funcionar durante um determinado período de projeção. O resultado normativo das projecções é uma medida quantitativa dos alimentos que a agricultura deve produzir para minimizar a fome, sem qualquer justificação da razão pela qual os nossos objectivos ou intervenções políticas se devem restringir à produção de alimentos e não incluir, digamos, a redistribuição, a redução da população, o investimento em infra-estruturas, etc.

Em segundo lugar, Thompson afirma que "[u]m outro argumento para resistir à dependência da ciência implícita numa abordagem de suficiência de recursos também nos aponta para a integridade funcional, sublinhando que as principais vulnerabilidades residem nos subsistemas sociais (e não no solo e na água)" (ibid., 251). O argumento é que as medidas de suficiência de recursos tendem a tomar como garantidos os subsistemas sociais que animam a investigação agronómica vibrante e as estruturas sociais rurais que estão atentas ao esgotamento, poluição e degradação dos recursos. Mas, na medida em que as medidas de suficiência de recursos partem frequentemente do princípio de que os cientistas continuarão a responder à escassez e aos problemas ambientais detectados nas explorações agrícolas com tecnologias para os melhorar, ignoram simultaneamente e dependem dos complexos subsistemas sociais que dão aos cientistas uma razão para desenvolverem essas tecnologias e os conhecimentos e valores para o fazerem bem, bem como os valores rurais que mantêm os agricultores atentos à qualidade ambiental (ibid. 251-2). Muitos defensores da sustentabilidade consideram que a tendência crescente para instituições científicas e agrícolas orientadas para o mercado as torna mais dependentes de "um sistema inerentemente arriscado de regeneração do capital financeiro" e menos diretamente sensíveis aos sinais dos subsistemas ambientais dos quais a agricultura depende em última análise (ibid. 252). O quadro de integridade funcional é suposto realçar a interconexão destes subsistemas sociais e ambientais, voltando a nossa atenção para a forma como eles estão implicados em qualquer tentativa de traçar limites e definir critérios de desempenho para o nosso sistema de produção alimentar. Podemos excluir alguns destes subsistemas, mas temos de o fazer justificando explicitamente a nossa escolha.

Este segundo benefício é uma expressão particular de um benefício mais geral que Thompson vê na adoção da abordagem da integridade funcional. Este é o facto de que pensar em termos de integridade funcional tende a levar-nos a ser cada vez mais inclusivos na forma como traçamos as fronteiras dos nossos sistemas (ibid. 233, 246 e 248). Isto porque, como os ecologistas reconheceram há muito tempo, os sistemas ecológicos, tal como os sistemas sociais, interagem e sobrepõem-se de tal forma que não vêm embalados e tarifados para nossa conveniência de investigação. Thompson está simplesmente a alargar este ponto de vista para mostrar que os sistemas sociais e naturais também se sobrepõem e interagem de formas que colocam o ónus de justificar os seus limites no analista que procura cortar uma parte para análise.

Ora, Thompson afirma que "é preciso compreender a sustentabilidade ao nível de todo o sistema para a compreender de todo" (ibid. 180). E a abordagem holística da integridade funcional é suposto oferecer benefícios empíricos ao realçar as formas como os padrões de interação são reproduzidos num sistema concebido de uma forma muito inclusiva. Mas o benefício decisivo de pensar em termos de integridade funcional é suposto ser normativo, na medida em que obriga os analistas a conceber os critérios de desempenho em termos propriamente sistémicos ou colectivos: como objectivos sociais. No entanto, os benefícios empíricos e normativos que advêm de um modelo holístico de integridade funcional dependem das razões invocadas pelo investigador para traçar as fronteiras de forma muito inclusiva.

E, como Thompson reconhece, há muitas boas razões para medir a sustentabilidade dos sistemas de uma forma que não englobe todos os sistemas sociais e naturais; a mais óbvia é o facto de isso ser atualmente impossível. O problema é que Thompson não nos deu um conjunto claro de objectivos sociais que, na sua opinião, deveriam estruturar a forma como modelamos os sistemas sociais e naturais. Não só isso, como também não nos deu um procedimento para determinar quais devem ser esses objectivos. Isto significa que, deixado nas mãos de investigadores em ecologia, economia, agronomia e afins, o máximo que Thompson está em posição de prescrever é clareza relativamente às suposições normativas que entram nos modelos.

A minha sensação é que Thompson gostaria de contornar estes problemas através do que se segue: desafiando a importância dos modelos técnicos de sustentabilidade para a deliberação pública sobre sustentabilidade através do paradoxo da sustentabilidade, e argumentando que os seus ideais agrários podem funcionar como proxies empiricamente adequados e motivadores que partilham afinidades importantes com o modelo de integridade funcional. No entanto, o alcance desta abordagem em termos de identificação dos problemas de sustentabilidade para a AI, como a minha análise tentará mostrar, depende do tipo de projeto normativo que atribuímos a Thompson: uma formulação de interesses e pressupostos agrários ao serviço do discurso público ou uma visão substantiva sobre o modo como a agricultura contribui para uma vida boa.

3.4.1 O paradoxo da sustentabilidade

Embora Thompson se distancie de um paradoxo difícil na sua obra posterior, pretende manter a ideia de que, no que diz respeito às intervenções em prol da sustentabilidade, "é melhor ter sorte do que ser inteligente" (Thompson 2010, 253). A ideia parece ser a de que os modelos de sustentabilidade, na medida em que são mais holísticos e complexos, serão menos úteis para orientar as políticas públicas e a tomada de decisões individuais, uma vez que não poderão ser analisados por não especialistas. Em vez disso, "[s]e temos normas simples que fornecem pouca informação sobre os sistemas regenerativos da ecologia e da sociedade, mas que orientam o nosso comportamento de forma a permitir o funcionamento desses sistemas, devemos manter essas normas simples" (ibid. 253). Thompson parece pensar que não é realista esperar que as pessoas sejam capazes de compreender modelos complexos de integridade funcional dos sistemas socio-naturais de uma forma que possa informar utilmente as suas vidas quotidianas. Além disso, Thompson considera que adotar a sustentabilidade como um objetivo pessoal é "cometer uma falácia lógica bastante subtil" (ibid, 180). Isto porque não é necessário nem suficiente para alcançar a sustentabilidade, se a considerarmos como um atributo dos sistemas sócio-naturais holísticos, que um indivíduo pretenda que as suas acções sejam sustentáveis.

Assim, para Thompson, não só os modelos complexos que revelam as condições ecológicas e sociais que devem existir para alcançarmos uma relação ideal com os sistemas ecológicos são demasiado complexos para nos ajudarem a orientar o nosso comportamento, como também a adoção de valores ecológicos na nossa vida pessoal, como tentativa de promover a causa da sustentabilidade, não garante que estejamos realmente a fazer algo pela sustentabilidade.

No entanto, Thompson quer manter o quadro de integridade funcional como uma peça importante da arquitetura concetual que pode informar os processos discursivos de deliberação moral. Mas, uma vez que um modelo de sistema abrangente não é suposto ser muito útil para aqueles de nós que não conseguem calcular os números ou compreender a teoria, temos de formular os nossos ideais e princípios em termos mais familiares. Thompson afirma: "[m]eu argumento é que a abordagem de modelação de sistemas produz uma concetualização informativa e normativamente mais adequada da sustentabilidade, que nos dá uma melhor noção daquilo que pretendemos, que nos ajuda a compreender melhor aquilo que os nossos ajustamentos, aproximações e estratégias de melhoria devem procurar alcançar" (ênfase original, ibid. 254). Como uma espécie de estrutura ideal ou enquadramento geral das questões de sustentabilidade, Thompson parece pensar que a integridade funcional "produz uma concetualização mais adequada à tarefa de reformar a conduta e a política" (ibid. 254).

Os pormenores sobre a forma como a utilização do quadro de integridade funcional como um guia concetual geral, por oposição a um modelo empírico totalmente especificado, é suposto funcionar e como é suposto ajudar-nos a navegar com os nossos ideais vagos, ainda não são muito claros. Embora a próxima secção faça uma tentativa de clarificar estas questões até certo ponto, é útil notar que existe aqui uma tensão persistente. Se os modelos de integridade funcional são a forma de compreender a sustentabilidade, então parece que queremos especificar os nossos ideais em termos de indicadores e critérios de desempenho bastante específicos. Mas se é irrealista supor que medidas técnicas que procedem de acordo com indicadores específicos podem informar utilmente o comportamento de não especialistas e ser motivadoramente potente, então não é de todo claro em que sentido o quadro de integridade funcional pode acrescentar algo à nossa busca da sustentabilidade. Parece que mais vale adotar qualquer conjunto de ideais vagos e romantizados e esperar que não acabemos por nos destruir.

3.5 . O papel dos ideais agrários

É por causa desta relação difícil entre os tipos de preocupações e considerações que nos falam em termos familiares e os modelos complexos que nos podem dizer algo sobre as condições sistémicas em que as nossas preocupações podem ser adequadamente abordadas que Thompson recomenda que se revisitem os ideais agrários, particularmente as virtudes da autossuficiência e da gestão. Segundo Thompson, "o apelo aos ideais agrários pode colmatar o fosso entre a teoria abstrata e o senso comum" (Thompson 2010, 273), e isto aplica-se mesmo aos debates sobre sustentabilidade que têm lugar entre contextos técnicos inter/ intradisciplinares (ibid. 272). Thompson resume as razões para este facto da seguinte forma:

> Os ideais agrários são relevantes para os movimentos sociais centrados na sustentabilidade porque modelam e tornam transparente a forma como um modo de vida existente, condicionado

> e estruturado pela sua história e pelo seu ambiente, consegue ou não renovar-se através de ciclos de tempo que podem ser medidos semana a semana, ano a ano ou geração a geração. Ilustram a forma como as nossas identidades pessoais e de grupo são parte integrante de uma ecologia que começa na ordem natural e tornam as nossas vulnerabilidades colectivas visíveis para nós muito melhor do que os ideais iluministas de igualdade, bem-estar ou direitos humanos (ibid. 276).

Uma forma de ler esta passagem faz parecer que os ideais agrários são a versão populista do quadro de integridade funcional. O argumento soa então como: se não conseguimos entender a ciência, então pelo menos temos o agrarismo para nos dizer o que fazer. Mas esta não é a leitura mais caridosa ou matizada da passagem. Thompson está claramente a apontar para uma afinidade entre os ideais agrários e o enquadramento de integridade funcional da sustentabilidade. Mas temos de ter duas coisas em mente: a) Thompson pensa na sustentabilidade não como um valor substantivo em si mesmo, mas como um estado de coisas que, quando adicionado a organizações sociais moralmente desejáveis, as torna melhores; e b) o enquadramento da integridade funcional ajuda a clarificar e a descobrir as condições funcionais dos nossos valores, mas não prescreve por si mesmo. No entanto, o agrarismo é uma ideologia moral e política rica que recomenda, de facto, valores substantivos. Além disso, o agrarismo desvia a nossa atenção das tentativas de fundamentar racionalmente os princípios morais ou os procedimentos de decisão para os fundamentos habituais e práticos das disposições virtuosas. É esta mudança de atenção, penso eu, que é suposto forjar a ligação entre a integridade funcional e os ideais agrários. Os ideais agrários de Thompson sublinham o modo como certos tipos de relações práticas entre as pessoas e os locais onde vivem tornam os cidadãos mais atentos às preocupações ambientais e às questões de coesão social e de vitalidade comunitária. Deste modo, voltam a nossa atenção para as caraterísticas comunitárias não racionais que nos ajudam a adotar e a transmitir valores ambientais. Thompson diz:

> Um sistema alimentar que funcione corretamente pode servir de modelo para a própria sustentabilidade. A participação num sistema agroalimentar bem integrado pode dar a todos um ponto de vista que se baseia num conjunto de práticas e instituições que se renovam em termos económicos, ecológicos e sociais. Se as operações deste sistema forem suficientemente acessíveis e transparentes para os consumidores de alimentos, obter e consumir alimentos pode tornar-se uma prática que recorda às pessoas o que significa sustentabilidade num sentido substantivo (ibid. 192).

Mas o agrarismo invoca o quadro da integridade funcional, em parte, ao sublinhar as virtudes práticas da gestão e da autossuficiência. As imagens e as narrativas que apresentam uma vida estruturada por estas virtudes como mais satisfatória e significativa devem conduzir-nos à sustentabilidade. Enquanto que a invocação de modelos de integridade funcional, para Thompson, pode não ser o meio mais eficaz de alcançar a sustentabilidade, os ideais agrários oferecem uma orientação de valores "mais do que plausível", que não só dirige a nossa atenção para questões relevantes para alcançar sociedades sustentáveis, como incorpora um conjunto de valores que podem ser comunicados em termos que são familiares e motivadores (ibid. 273). Por um lado, o agrarismo desloca o foco dos direitos e preferências individuais para as formulações de um ideal comunitário; e, correlativamente, dos meios-fins racionais ou do cálculo de custo-benefício para a forma como o nosso carácter moral é moldado e mantido por certas relações, hábitos e práticas. Por outro lado, os agrários apelam a conceitos de equilíbrio, estabilidade, harmonia, comunhão, integração e integração, bem como destacam as relações particulares que nos tornaram naquilo que somos e as responsabilidades que assumimos pelo facto de as reconhecermos e respeitarmos (isto é, o nosso "lugar"). Estes conceitos são motivacionalmente potentes de uma forma análoga ao enfoque utilitarista no sofrimento ou ao enfoque deontológico na liberdade. São utilizados nas descrições das nossas psicologias morais e situações sociais e nos ideais que sustentam o nosso sentido de comunidade. Assim, é suposto os ideais agrários formarem uma ponte para a sustentabilidade abstrusa em dois sentidos: oferecem modelos acessíveis para pensar e agir de forma mais próxima da sustentabilidade como integridade funcional e invocam narrativas e argumentos que fornecem razões motivadoras para pensar e agir de forma consistente com os modelos baseados em ideais que (discursivamente) construímos.

3.6 Conclusão

A mensagem de muitos escritores agrários, em cuja tradição Thompson se inscreve, era a de que mais pessoas deviam dedicar-se à agricultura camponesa pelos seus efeitos moralmente edificantes. A participação máxima na agricultura familiar de pequena escala, com poucos factores de produção, significava que a sociedade seria, em geral, um lugar melhor. Esta parecia ser a conclusão lógica dos argumentos que romantizavam a vida rural e denegriam o industrialismo urbano, o comercialismo e a tecnocracia. No entanto, é evidente que Thompson não apoia "exortações simplistas para se dedicar à agricultura" (Thompson 2010, 280). É também claro que Thompson reconhece que, para que uma população humana de 9 mil milhões de pessoas desfrute de um nível de conforto adequado para satisfazer as exigências dos direitos humanos básicos e do bem-estar, a maioria das pessoas tem de se dedicar a outras indústrias para além da agricultura e viver em áreas urbanas. De facto, não é totalmente claro que o argumento de Thompson exija o abandono de algumas das tecnologias e práticas centrais da agricultura moderna que aumentaram tão dramaticamente os rendimentos, como as variedades de alto rendimento, a maquinaria e os fertilizantes e pesticidas sintéticos.

Mas Thompson defende o agrarismo na sua expressão mais geral: que a agricultura é mais do que uma simples indústria; tem um papel social e político a desempenhar para além da sua capacidade de produzir uma abundância de alimentos baratos e nutritivos (ibid. 30). Um dos principais resultados dos argumentos de Thompson é, portanto, uma expressão do papel social e político especial da agricultura que não exige que todos o pratiquem. Tal como acabámos de ver, esta está na sua capacidade de ser um modelo acessível e motivador para uma vida sustentável: "Uma boa imagem do que é necessário para manter uma exploração agrícola [fornece-nos]... um conjunto de metáforas extremamente útil para compreender o que é necessário para manter a sociedade a funcionar" (ibid. 3), e *assim* a cultura agrícola da sociedade - os seus meios de subsistência - repercute-se em todas as suas instituições" (ibid. 5).

Mas se muitas práticas e tecnologias da AI ainda são moralmente permissíveis e se o agrarismo de Thompson não resulta no imperativo de todos cultivarem, então quais são as implicações para a forma como atualmente praticamos a agricultura? Thompson não termina os seus livros com um conjunto de indicadores de sustentabilidade para a criação de políticas agrícolas, nem com uma aprovação dos princípios da agricultura biológica ou biodinâmica. Pelo contrário, Thompson vê a sustentabilidade como um ideal essencialmente contestado, tal como os ideais de justiça, igualdade, liberdade e bem-estar, cujo valor não consiste em chegar a uma definição de uma vez por todas, mas em iniciar um processo público de deliberação sobre os nossos objectivos colectivos para a gestão dos sistemas sócio-naturais. Por isso, ele diz que

> [A solidariedade e a política do lugar celebradas nos ideais agrários devem ser entendidas como um impulso entre muitos outros numa complexa dialética da política democrática. Ao longo de todo o processo, a minha esperança tem sido a de ressuscitar os ideais agrários pelo papel que podem desempenhar na ética ambiental e na busca política da sustentabilidade. Vejo-os como um importante contrassenso aos excessos políticos que ocorrem quando os ideais utilitaristas, libertários e igualitários - os ideais filosóficos subjacentes à filosofia industrial da agricultura - se tornam dominantes no vocabulário comum de um povo... Uma conceção saudável de sustentabilidade surgirá quando os ideais industriais e agrários forem incorporados na mistura de objectivos, esperanças e histórias que moldam a nossa vida pública" (ibid. 289).

Isto parece implicar que Thompson não está empenhado num projeto para substituir a agricultura industrial pela agricultura camponesa ou para acabar com as medidas económicas de eficiência que fornecem à AI a sua justificação normativa. Pelo contrário, ele está a tentar criar um espaço no debate, na investigação, na política e na prática para os ideais e sistemas de produção agrários. A ideia parece ser a de que existe uma tensão ou um equilíbrio saudável entre as invocações industriais dos direitos humanos e do bem-estar e os valores mais comunitários e ecológicos dos pensadores agrários (ibid. 43). Uma das formas pelas quais esta tensão tem sido perturbada é através da erosão das comunidades agrárias pelo avanço da agricultura especializada, de grande escala e com elevados factores de produção; outra forma concomitante é através da difusão de uma conceção dualista, atomista e económica do eu e de uma conceção aditiva dos objectivos sociais (ibid. 61).

Thompson apoia, no entanto, o entusiasmo moderno pela agricultura local, biológica e de comércio justo, enquanto promulgação dos símbolos agrários e dos fundamentos práticos que prometem dar-lhes uma maior aceitação (ibid. 63). Mas adverte contra a tendência destes movimentos para se centrarem nas preocupações com a saúde individual e no misticismo em relação às forças que actuam na natureza e que promovem a saúde, uma vez que tal abordagem tende apenas a reificar a ética individualista, atomista e baseada em preferências que fornece a razão de ser da AI (ibid. 59). A sua visão de um futuro agrarismo é contrastada com a sua visão de uma futura agricultura industrial. Esta última é retratada como tendo-se tornado muito mais benigna do ponto de vista ambiental e ético, desenvolvido tecnologias para uma utilização mais inteligente dos produtos químicos agrícolas e da energia, concebido instalações para um tratamento mais humano dos animais e talvez atingido níveis de mecanização que permitem a eliminação do trabalho manual de baixa remuneração e um aumento dos salários dos trabalhadores agrícolas. De facto, Thompson suspeita que a AI do futuro terá de responder às exigências dos consumidores em matéria de serviços ambientais e éticos, em alguns mercados, tornando-se pequena e centrando-se em métodos de produção artesanais. Em muitos casos, porém, as práticas ética e ambientalmente ofensivas da atual AI serão substituídas por práticas baseadas em novas tecnologias, como a conversão de matéria vegetal atualmente inútil em alimentos ou energia através de micróbios geneticamente modificados ou o crescimento de tecidos animais em laboratório. No entanto, as empresas agrícolas desenvolverão e adoptarão estas mudanças tecnológicas e os tipos de práticas de produção que elas permitem simplesmente com base na sua rentabilidade. As paisagens rurais, tal como todos os recursos necessários à produção alimentar, continuarão a ter o seu aspeto de capital entre outros. E os estilos de vida rurais irão desaparecer, dando lugar à prevalência da exploração agrícola pendular, na qual tanto os proprietários como os trabalhadores vivem em centros urbanos e se deslocam para o trabalho no campo (ibid. 63-4).

A imagem dos "agricultores de amanhã" que a reformulação em cinco etapas dos ideais agrários acima descrita pretende alcançar é aquela em que eles são definidores de normas ambientais e éticas, administradores do bem rural, cultural e ambiental (ibid. 65). Uma gestão sensata implicará a criação de associações profissionais (ou corporações regionais) para planos e normas deliberativos de utilização da terra e de produção. Estas associações não estarão apenas vinculadas a regulamentos normalizados e à procura dos consumidores, mas também a ideais colectivos localizados nos domínios da estética rural, do bem-estar animal, da qualidade ambiental e outros. E os agricultores promulgarão as virtudes da gestão e da autossuficiência de que emanam estes ideais através de iniciativas educativas e recreativas que proporcionam espaço para os habitantes das cidades aprenderem e participarem na produção alimentar e nos estilos de vida rurais. Desta forma, a terra assumirá um valor simbólico como local de subsistência, mesmo para aqueles que não passam os seus dias a cuidar dela, dando-lhes uma imagem clara de como a sua existência urbana depende e está integrada nos ciclos sazonais de produção de alimentos nutritivos (ibid. 65-6). A principal diferença em relação à visão industrial dos ideais agrários que Thompson está a tentar reconstruir é que os sistemas de produção agrícola serão os fornecedores de práticas fundiárias focais para os centros urbanos, constituindo a pedra angular de uma cultura atenta ao bem-estar da terra e às instituições sociais que permitem essa atenção. O papel político especial da agricultura é, portanto, tornar óbvia a nossa dependência da terra e ajudar-nos a formular o significado de sustentabilidade em termos da forma como as normas culturais, tradições e tecnologias locais reproduzem uma atenção aos ciclos e processos ecológicos essenciais à subsistência.

CAPÍTULO 4

Análise

Supõe-se que Funneio Xavier, o cofundador da Ordem dos Jesuítas, tenha dito: "Dêem-me uma criança até aos sete anos e eu dar-vos-ei o homem", mas, francamente, qualquer tolo poderia ter percebido isso. É disso que se trata a publicidade, a formação de um género de consumidores que se manterão fiéis aos produtos da paótica. E, quer se goste ou não, a religião e a cultura são produtos. Tal como os cachorros quentes e os cereais congelados"[34]

4.1 ***Alinhá-los***

Tal como indiquei no final da minha discussão sobre DeGregori, penso que, a um nível geral de descrição, não existe uma contradição necessária entre os projectos destes dois pensadores. DeGregori trabalha com um conjunto minimalista de valores políticos e mostra como o pedigree estatístico da AI ilustra a sua capacidade de os concretizar. A associação estreita da AI à ciência e à tecnologia permite-lhe afirmar que a AI pode alcançar aumentos de produtividade, mesmo quando estes incorporam valores ambientais não captados pelos mercados. Esta última parte envolve um compromisso com uma visão do progresso moral modelado na racionalidade instrumental. Um problema surge quando as tecnologias de AI não são inventadas, adoptadas e utilizadas puramente na procura de toda a gama de valores humanistas que DeGregori associa às instituições científicas. O industrialismo tem sido impulsionado, em grande parte, por forças de mercado sujeitas a externalidades críticas no domínio dos objectivos ambientais e sociais. A abordagem destas externalidades implica o alinhamento das instituições científicas, do público e dos produtores agrícolas com valores que vão para além das preferências subjectivas e da motivação do lucro. Além disso, o envolvimento destas externalidades implica a atribuição de um valor aos sistemas naturais que não têm impactos óbvios ou imediatos no bem-estar dos indivíduos. O projeto de Thompson é precisamente uma tentativa de nos ajudar a criar os recursos conceptuais e práticos necessários para envolver adequadamente valores e ideais relevantes para alcançar a sustentabilidade. E não é claro que as estatísticas de DeGregori ou a sua distinção cerimonial/instrumental possam impedir o projeto de Thompson a este nível geral.

4.2 O trilema agrário

O projeto de Thompson é uma tentativa de mostrar que há certos problemas agrícolas modernos que um sistema agrícola economicamente organizado, baseado em princípios éticos utilitários e deontológicos, não pode resolver adequadamente. Estes problemas podem ser agrupados em duas grandes categorias: a) proporcionar aos cidadãos a motivação e os conhecimentos práticos necessários para resolver os problemas de sustentabilidade e b) proporcionar aos decisores políticos e aos investigadores um conjunto de ideais que lhes permitam concetualizar os problemas de sustentabilidade em termos devidamente sistémicos. As tentativas de resolver estes problemas através da revitalização dos ideais agrários enfrentam um trilema que tem de ser ultrapassado. Já dei a entender alguns elementos desse trilema, apontando para tensões e ambiguidades críticas no relato de Thompson. A

[34] Thomas King (2013), 110.

primeira chamo-lhe "inexatidão histórica", a segunda "romance rural" e a terceira "impotência agrária".

4.2.1 Inexatidão histórica

Os problemas com a AI surgem contra um pano de fundo de imagens românticas de estilos de vida rurais em que certas formas práticas e sociais de organização enobrecem os participantes e incutem traços de carácter virtuosos, entre os quais se contam as virtudes de gestão que equilibram os interesses próprios com os valores ambientais, e as virtudes comunitárias que equilibram as considerações de bem-estar individual com o respeito e o cuidado pelas instituições comunitárias. Ora, como reconhece Thompson, estas imagens deixam de fora os elementos mais desagradáveis das comunidades agrícolas promulgadas pelo santo patrono do agrarismo americano, Thomas Jefferson. Estes incluíam problemas ambientais persistentes, como a erosão dos solos, a perda de biodiversidade e a degradação ecológica geral; problemas económicos como a pobreza extrema, condições de trabalho onerosas, desigualdade e falta de mobilidade social e de oportunidades económicas significativas; e problemas sociais como a xenofobia, a opressão de género e a falta de educação (por exemplo, Ling 2004, Mayes 2014 ou Temple Kirby, 1996).

Penso que Thompson está a tentar contornar este problema ao reconhecer que os seus ideais são românticos. Criticarei esta atitude mais adiante. Neste ponto, quero chamar a atenção para o facto de o problema da inexatidão histórica ser um pouco mais profundo do que Thompson reconhece. Para ver isto, considere-se a centralidade das práticas focais agrárias nos ideais agrários. O que Thompson recomenda é um conjunto de ideais que realça a forma como comunidades devidamente estruturadas e compromissos práticos particulares com a natureza podem criar psicologias morais desejáveis. Se considerarmos o relato histórico de Thompson sobre as práticas focais como prova de que a mudança das práticas agrícolas yeoman para as industriais foi a causa da decadência moral, então queremos saber o que fazer com todos os problemas ambientais, económicos e sociais que existiam nas comunidades yeoman. O problema é que a descrição agrária da relação entre práticas, hábitos e carácter moral torna estes problemas particularmente difíceis de contornar. Isto porque se afasta de forma crucial da visão de senso comum invocada pela ética da virtude.

A história do senso comum, da ética da virtude, é que as práticas que são regidas por normas louváveis, quando são praticadas repetidamente, tornam-se habituais, no sentido em que se transformam em padrões de resposta automáticos despoletados por determinadas pistas contextuais. Estas respostas automáticas, consideradas coletivamente, formam elementos importantes da personalidade de uma pessoa, contribuindo para a sua virtuosidade geral ou florescimento. Assim, na medida em que a sociedade é criada de acordo com normas louváveis, deve tender a produzir indivíduos virtuosos. Mas os agrários, como Thompson, propõem que as práticas e formas de organização comunitária caraterísticas da agricultura tradicional incorporam normas implícitas que incutem em nós certos hábitos que contribuem para a virtude.[35] São estas práticas (ou mesmo apenas imagens ou narrativas centradas

[35] No seu extremo mais extremo, os agrários defendem a opinião de que as tecnologias podem ser associadas a

nelas) que contribuem para a virtude moral. Este tipo de posição é especialmente vulnerável a acusações de inexatidão histórica porque associa práticas, hábitos e normas de forma muito próxima: propõe que as virtudes são geradas a partir de certos tipos de envolvimento prático habitual porque as práticas produzem hábitos que incorporam certas normas por si só - por exemplo, a dependência prática dos agro-ecossistemas sintoniza-nos com a integridade ecológica e transforma o nosso interesse próprio em valores ambientais. Esta abordagem torna muito difícil explicar os casos em que as sociedades agrárias estavam longe de ser modelos de boa gestão ecológica ou de virtude comunitária. Isto porque não é claro por que razão devemos pensar que as boas normas são as que estão implícitas nas práticas agrícolas e nas comunidades agrárias e não as más. Por que razão havemos de pensar que as sociedades agrárias são mais propícias às virtudes agrárias do que aos vícios agrários?

Se quisermos dar a este tipo de visão um cunho particularmente agrário, precisamos de saber como é que as práticas agrícolas tradicionais incorporam normas e através de que mecanismos psicológicos estas normas se tornam habituais e, eventualmente, ideológicas. Para além disso, precisamos de provas de que as práticas agrícolas focais são a) indisponíveis para os agricultores que operam com tecnologias e princípios organizacionais industriais e b) ligadas de forma única aos tipos de psicologias morais que procuramos. Na minha opinião, as virtudes da gestão e da autossuficiência são melhor caracterizadas como resultados de processos de educação e enculturação que ensinam explicitamente valores ambientais e comunitários. Não há nenhuma razão óbvia, para mim, para pensar que a escala ou as caraterísticas tecnológicas de uma exploração agrícola tenham qualquer ligação necessária com uma psicologia moral alienada da natureza e da comunidade. Quando os mercados tendem a ter estes efeitos, como sugiro a seguir, é porque promulgam ativamente normas individualistas e de auto-consideração.

4.2.2 Romance rural

Na melhor das hipóteses, os ideais de Thompson destinam-se a modelar valores negligenciados incorporados na identidade cultural norte-americana. Estes valores destinam-se a contrariar o individualismo e o consumismo e a reconectar o nosso sentido de objetivo e identidade aos lugares naturais. Thompson pretende lidar com as questões sociais e ambientais que são melhor abordadas através de conceitos utilitários e baseados nos direitos, afirmando uma tensão saudável entre estas e as perspectivas morais agrárias. Parece querer pensar na relação entre estas perspectivas morais como uma espécie de movimento dialético que alcançará alguma resolução através do discurso público em que todos os tipos de valores estão representados (Thompson 2010, 41, 289).

O problema é que não é claro que imagens vagas e românticas que propõem um mecanismo não especificado que liga a experiência de trabalho e a estrutura comunitária das sociedades agrícolas

---

impactos nas práticas laborais de forma a forçar certos hábitos (e eventualmente até valores) no operador (ver Boyd 2005, 220-227). Assim, o facto de as fábricas serem frequentemente locais de trabalho aborrecidos e alienantes é um reflexo do impacto da linha de montagem, e não das longas horas de trabalho, dos baixos salários, das condições de trabalho, da especialização extrema do trabalho ou de outros factores semelhantes.

yeoman à criação de valores ambientais e comunitários sejam a melhor forma de comunicar ou motivar esses valores. Parece incontroverso afirmar que o envolvimento com o mundo natural, através da agricultura ou de outra forma, tem o potencial de ser uma fonte de profundo significado e satisfação na vida de uma pessoa. Da mesma forma, é incontroverso afirmar que podemos *fazer das* práticas e instituições agrícolas peças centrais nas nossas comunidades e meios de reprodução de valores ambientais e comunitários. Também parece incontroverso afirmar que as pessoas que obtêm satisfação e significado da natureza estarão muito mais atentas a ela e muito mais motivadas para cuidar dela. Além disso, é bastante óbvio que aqueles que têm mais conhecimentos científicos e experiência prática com sistemas ecológicos e agro-ecológicos estarão mais bem posicionados para gerir esses sistemas (mantendo-se os outros factores iguais). As questões para uma ética agrária como a de Thompson derivam das seguintes considerações:

(1) praticar agricultura ou viver na terra não é condição suficiente para criar uma atitude de cuidado ou reverência para com a natureza ou o tipo de conhecimento e experiência prática que é conducente à gestão dos sistemas naturais de uma forma que possa efetivamente abordar os problemas agrícolas modernos (especialmente aqueles que ainda não resolvemos!).

(2) É plausível supor que certos tipos de formação e experiência são condições necessárias para evitar o medo da natureza ou a indiferença em relação a ela e promover o seu fascínio e amor. O mesmo se aplica aos valores comunitários.

(3) Esta formação e experiência parecem igualmente possíveis para pessoas que vivem em contextos agrícolas e urbanos. E parece que as caraterísticas centrais desta formação e experiência serão: (a) realçar as qualidades estéticas da natureza e as suas intrigas científicas; (b) encorajar interações com a natureza que sejam divertidas, excitantes, interessantes ou associadas a estados psicológicos positivos; (c) fomentar um sentido de afinidade com elementos da natureza que envolva centralmente um sentido das necessidades/interesses mútuos das plantas, dos animais e dos seres humanos, bem como um sentido de dependência dos processos ecológicos fundamentais; d) incutir o conhecimento dos impactos das acções de cada um e dos padrões colectivos de ação sobre os sistemas naturais; e e) utilizar a inovação tecnológica como um amortecedor das ameaças ambientais aos nossos meios de subsistência e segurança, promovendo, em vez disso, relações de colaboração e mutualismo com os sistemas naturais.

O que importa notar é que fazer da agricultura um centro de valores comunitários e ecológicos exige que motivemos esses valores em bases racionais e demonstremos empiricamente as formas como a agricultura pode ser organizada para ajudar a reproduzi-los. Mas as imagens idealizadas de agricultores familiares inseridos em comunidades próximas parecem mais reflexões nostálgicas do que razões amplamente endossáveis para aceitar normas comunitárias e ecológicas, ou roteiros úteis para estabelecer a agricultura como um centro de criação de valor ambiental e comunitário.

4.2.3 Impotência Agrária

O último obstáculo para o agrarismo é mostrar que não é possível articular ou apoiar eficazmente os tipos de normas comunitárias e ambientais centrais aos ideais agrários sem referência a algo como as experiências de fazendeiros. O desafio, neste caso, é que muitas das normas e valores centrais à ética agrária e local podem ser articulados e motivados usando ferramentas teóricas da ética das virtudes, do pragmatismo, da ética ambiental e do comunitarismo. As percepções agrárias sobre os problemas do consumismo, a importância dos compromissos práticos com o mundo natural para a inculcação e manutenção de valores ambientais sensatos e a necessidade de sermos claros sobre os compromissos de valor que estão a informar as nossas concepções de sustentabilidade agrícola podem ser explicadas sem referência a ideais agrários, tais como os agricultores como os melhores cidadãos, as comunidades de homens como os melhores gestores de ideossincrasias comunitárias e ambientais ou o trabalho agrícola como unicamente edificante e produtor de satisfação. Estes ideais parecem ser mais bem concebidos como expressões contingentes destes valores mais gerais - como aquilo que queremos que a agricultura seja com base nestes valores - do que como caraterísticas necessárias de uma sociedade que os sustente ou como guias práticos para a transição para essa sociedade.

4.3 Desacordos persistentes

Na sua origem, tanto Thompson como DeGregori têm fortes tendências pragmatistas. O facto de o pragmatismo rejeitar o universalismo/fundacionalismo ético e abraçar o procedimentalismo significa que é difícil ver como é que um dos dois pode construir um argumento que exclua as afirmações do outro. Na melhor das hipóteses, as citações persistentes de desacordo podem ser vistas como alimento para o discurso público. No que se segue, condenso as principais citações de desacordo persistente, juntamente com as estratégias utilizadas até agora para tentar atenuá-las. A secção seguinte inicia a tarefa discursiva de construir pontes entre estas posições, reunindo as ideias fornecidas por cada uma delas. As citações persistentes de desacordo são:

1) O âmbito dos princípios morais que se aplicam à tomada de decisões dos agricultores:

   DeGregori parece não se importar que as considerações económicas sejam o principal desiderato. Mas, como vimos, isto só parece razoável na medida em que os agricultores estão a operar num mercado que internaliza adequadamente os custos ambientais e sociais da produção. Neste caso, um mercado corretamente estruturado é um guia adequado para a tomada de decisões dos agricultores porque incorpora os nossos ideais políticos.

   Thompson, por outro lado, vê os agricultores como geradores de valores ambientais e sociais. Neste caso, os agricultores são fundamentais para o processo de gestão adequada dos sistemas económicos que orientam os hábitos de consumo. No entanto, esta posição parece invocar uma descrição estipulativa do modo como as práticas informam a psicologia moral.

2) Questões de valor ambiental:

DeGregori está a concetualizar a terra como um recurso, cuja utilização deve ser minimizada através da aplicação da ciência e da tecnologia. O problema, aqui, é que muitos dos sistemas biogeológicos (e os processos ecológicos que fazem parte deles) não são adequadamente conceptualizados apenas como recursos que podem ser substituídos através da aplicação de tecnologia. Eles são condições fundamentais para a agricultura. E é frequente que a conceção do impacto amplo e cumulativo da agricultura em grandes sistemas biogeológicos exija que tratemos os processos ecológicos na terra como elementos de sistemas de recursos renováveis. Neste caso, é a integridade funcional destes sistemas que a agricultura deve salvaguardar, e não apenas as quantidades de recursos e as capacidades tecnológicas suficientes para uma produção contínua.

Thompson, por outro lado, concebe a terra como um lugar, cujo valor e significado estão intimamente ligados aos hábitos e tradições culturais das pessoas que dela retiram o seu sustento. Isto significa que a aplicação de soluções tecnológicas aos problemas de produção e produtividade ameaça perturbar os hábitos e tradições que ligam os interesses das pessoas à terra. Isto é especialmente verdadeiro na medida em que as soluções tecnológicas perturbam a organização dos sistemas sociais e as estruturas de dependência que alinham os interesses dos indivíduos com a qualidade ambiental e o bem da comunidade. O problema é que este quadro parece basear-se numa imagem romantizada das práticas culturais tradicionais e numa afirmação duvidosa sobre a forma como certas formas de dependência criam atenção e cuidado.

3) A relação entre ciência, tecnologia e ética.

Para DeGregori, o progresso moral está implícito no progresso tecnológico. Isto deve-se à estrutura da ciência, que incorpora a diversidade, a criatividade e a deliberação racional como valores cruciais para a resolução de problemas e evita justificações que invocam tradições. A prática científica é o modelo da razão instrumental que promete melhorar as nossas normas à medida que as exigimos para resolver problemas práticos para o florescimento humano. Problematizei esta posição afirmando que se baseia na derivação de um dever a partir de um é: utiliza os êxitos moralmente louváveis da ciência na resolução de problemas passados para reforçar a afirmação de que a ciência pode dizer-nos o que devemos considerar problemático na agricultura moderna.

Thompson reconhece que as normas implícitas e colectivas estruturam o que conta como um problema válido. Em particular, a noção de que a ciência é um modelo de progresso moral ignora a forma como a ciência responde a objectivos sociais formulados em termos económicos neoclássicos problemáticos. De um modo mais geral, pensar no progresso moral em termos instrumentais interpreta mal questões sociais como a coesão da comunidade, a capacidade de resposta a injustiças e desigualdades, a formação de identidades colectivas e a construção de consensos. A resolução destas questões envolve muitas vezes um pensamento ético especulativo e a formulação de narrativas e ideais que podem ser a fonte de sentidos partilhados de objetivo e motivação. Neste caso, somos confrontados com a difícil tarefa de estabelecer valores partilhados, e não com a tarefa de tentar alcançar valores pré-estabelecidos. Critiquei a abordagem agrária com base no facto de esta tentar fundar uma ética agrícola em narrativas e ideais que sofrem de imprecisão histórica e romantismo.

4.4 Conclusão: o ferro-velho

Existem formas de atenuar estas divergências?

4.4.1 Questões de âmbito

Grande parte da oposição de Thompson à agricultura baseada no mercado é dirigida a um modelo neoclássico que pretende ser moralmente neutro ou minimalista, protegendo principalmente as liberdades individuais e os direitos de propriedade. No entanto, a caraterística distintiva central da economia institucional de DeGregori é que procura compreender e controlar o funcionamento dos mercados utilizando ferramentas sociológicas e psicológicas mais abrangentes do que os pressupostos simplificadores do neoclassicismo. Embora não considere que o enfoque de DeGegori na distinção instrumental/ cerimonial nos leve muito longe, penso que há duas outras vias para criticar o minimalismo moral da economia dominante para o institucionalismo que podem contribuir para resolver alguns dos problemas com a AI identificados por Thompson. Uma delas é afirmar que existe um certo conjunto de valores, para além dos direitos e liberdades negativos, que podem alcançar um consenso universal (ou quase universal) com a devida consideração. Estes valores podem incluir direitos positivos e traços de carácter individual que são amplamente realizados por pessoas que têm uma vida social ativa e são membros felizes e bem integrados na sociedade. A outra via seria apontar as formas como certos direitos positivos e traços de carácter individual são implicitamente necessários para que os mercados não falhem, mesmo quando concebemos o fracasso do mercado em termos de proteção dos direitos básicos, das liberdades e dos interesses do bem-estar. Em ambos os casos, a ideia seria mostrar que os pressupostos dos economistas clássicos e neoclássicos e as sugestões políticas derivadas de modelos baseados nesses pressupostos são inadequados a) para alcançar objectivos sociais que são tão fundamentais para a nossa cultura política como os que motivam as análises e intervenções económicas, e/ou b) para alcançar mesmo os objectivos sociais explicitamente apoiados pelos economistas.

Assim, a questão deixa de ser a de conceber um novo conjunto de valores agrícolas e passa a ser a de conceber políticas e incentivos económicos que incorporem melhor toda a gama de valores existentes. Esta abordagem constitui uma mudança de paradigma na economia, que reconhece explicitamente que a disciplina se ocupa de problemas de engenharia social na intersecção da filosofia, economia, sociologia, psicologia e ecologia. Ver a atividade agrícola através desta lente alarga o conjunto de ferramentas conceptuais que podem ser utilizadas para abordar os problemas agrícolas modernos. Embora não tenha espaço para aprofundar esta abordagem, gostaria de ultrapassar uma barreira colocada por eticistas ambientais como Thompson, com afinidades locais.

Existe um pressuposto comum entre os eticistas baseados no local, melhor articulado por Mark Sagoff, de que, uma vez que os valores económicos e os valores políticos são logicamente distintos, cada um deles constitui um domínio separado de investigação e ação. Penso nisto como "a tese da separação", uma vez que é geralmente entendida como significando que não devemos colapsar contextos políticos e económicos de escolha, quer nas nossas vidas individuais, quer no nosso trabalho académico. A ideia parece ser a de que as escolhas económicas constituem um domínio legítimo da subjetividade e da liberdade, em que as escolhas são feitas de acordo com as preferências individuais, enquanto as escolhas políticas são objeto de deliberação e justificação colectivas. Estes dois domínios da ação humana sobrepõem-se na medida em que, muitas vezes, temos de impor regulamentações políticas a mercados que funcionam livremente, a fim de evitar que os mercados provoquem resultados moralmente graves (falhas de mercado). Mas não devemos legislar sobre as escolhas económicas individuais nem substituir os processos legislativos democráticos por medições das preferências dos indivíduos.

Há dois problemas relacionados com esta tese. O primeiro é que ela obscurece a natureza inerentemente política das transacções económicas. A compra e a venda são relações em que as acções de uma pessoa têm impacto no bem-estar de outras. Pode acontecer, por exemplo, que ao escolher comprar os artigos de moda de verão a preços mais baixos eu esteja a apoiar uma fábrica no Bangladesh que maltrata os seus trabalhadores. No entanto, a natureza política das escolhas económicas é frequentemente ocultada de duas formas. Em primeiro lugar, por construções teóricas como a mão invisível, a otimização de Pareto ou a eficiência de Kaldor-Hicks, que defendem aumentos mútuos de bem-estar (reais ou possíveis) como acompanhamentos necessários das escolhas económicas em determinadas condições idealizadas. E, em segundo lugar, e através de campanhas de marketing que centram os consumidores nas formas como os bens ou serviços podem satisfazer preferências egoístas que possam ter, em vez de servirem ideais colectivos que merecem o seu apoio. Mas, uma vez que é verdade que as escolhas económicas de cada um contribuem frequentemente para violações de direitos ou para o sofrimento humano, os consumidores e os produtores devem ser responsabilizados e responder pelos efeitos dessas escolhas.

A segunda questão é que a tese da separação obscurece o papel que o pluralismo razoável desempenha no processo político. Os indivíduos abordam frequentemente a deliberação colectiva com um enfoque nos seus próprios interesses e nos da sua comunidade. E esta é uma parte legítima do processo de negociação colectiva. O truque é alinhar os interesses dos indivíduos tanto quanto possível e equilibrar os interesses que não podem ser alinhados de uma forma que todos concordem ser equitativa. No entanto, não é claro que a diferença lógica entre as preferências individuais e os valores políticos corresponda a uma diferença ontológica, ou seja, não é claro que todas as normas políticas visem objectivos sociais e que todas as normas individuais sejam egoístas, ou algo do género. Uma pessoa pode ter um forte interesse pessoal na justiça. E uma pessoa pode apoiar uma legislação porque ela lhe proporciona o melhor pacote de benefícios ou serviços compatíveis com a aprovação dos outros. Por conseguinte, não é verdade que possamos traçar linhas mutuamente exclusivas entre os tipos de valores que podem ganhar força política e os que são relegados para os interesses individuais. Também não é verdade que possamos dizer que as reformas económicas devem resultar do funcionamento dos órgãos políticos, ou que as reformas políticas devem resultar das interações de base dos indivíduos.

O que isto significa para pessoas pragmáticas como Thompson e DeGregori é que os mecanismos institucionais que promovem a deliberação e a justificação, que aumentam a responsabilidade e a transparência e que colocam as pessoas em contacto com informações relevantes e perspectivas de avaliação diferentes são igualmente importantes em contextos de escolha económica e política. E isto significa que as relações e transacções económicas devidamente estruturadas devem gerar e reforçar valores relevantes para os problemas agrícolas modernos.

Esta interpretação do projeto da economia em geral, e da economia agrícola em particular, é reforçada por ideias pragmatistas sobre a forma como as normas sociais incorporadas na prática canalizam a atenção e a ação das pessoas para determinados fins (além de fornecerem o contexto necessário para uma mudança normativa inteligente). Tornar economicamente viáveis as práticas que visam objectivos moralmente louváveis é um meio essencial para encorajar a formação de disposições louváveis e, eventualmente, de virtudes. Isto porque fazer do avanço dos objectivos sociais um meio para obter ganhos económicos cria um nível básico de atenção a esses objectivos e de motivação para os avançar entre os cidadãos. Assim, subsidiar programas agrícolas que equilibram objectivos de produção com objectivos distributivos, ecológicos e de bem-estar da comunidade é um meio importante para desenvolver uma atenção cultural a estes bens sociais mais amplos. [36]

O problema para aqueles que têm uma tendência democrática e processualista é que parece que as intervenções económicas só serão justificáveis na medida em que a) as pessoas se apercebem de um desajuste entre o seu comportamento económico e os seus valores políticos, e b) querem alinhar os seus comportamentos económicos com os seus valores políticos, embora precisem de ajuda com os meios e a motivação para o fazer. As políticas económicas que não têm esse apoio popular parecem arbitrárias e totalitárias.

Poder-se-ia querer simplesmente morder esta bala. Mas uma forma de lidar com a apatia do público em relação aos valores ambientais e sociais e com a resistência às intervenções governamentais em seu nome é tentar mostrar que as actuais estruturas e ideologias económicas funcionam contra o nosso reconhecimento e a nossa capacidade de resposta a esses valores. Um tal argumento mostraria, por exemplo, que as actuais estruturas e ideologias de mercado obscurecem ativamente as consequências desagradáveis das nossas escolhas económicas, impedem-nos de ter de justificar essas escolhas perante os que são afectados por elas e manipulam-nos ativamente para que nos concentremos de forma míope nos nossos desejos subjectivos. Considero que muitas das críticas perspicazes à agricultura capitalista apresentadas por Thompson se enquadram neste tipo de projeto.

Embora esta abordagem não isente os indivíduos e as empresas da responsabilidade de promover a transparência, a responsabilização e o empenhamento crítico, pode ser dada uma ênfase especial à criação de mecanismos institucionais que integrem estes valores na estrutura dos mercados (por exemplo, exigindo que as empresas pratiquem a contabilidade tripla e tornem públicos os seus resultados; implementando sistemas de tributação ou de limitação e comércio de externalidades; instituindo sanções fortes contra a publicidade falsa ou enganosa; desenvolvendo programas de subsídios e investimentos públicos através de consultas vinculativas com os cidadãos). Além disso, o enfoque neoclássico na libertação dos agentes económicos da intervenção externa passa a centrar-se no

[36] De facto, parece que existe um caminho baseado nestas premissas para algo como a conclusão de Thompson de que as práticas agrícolas devem ter um peso nas nossas vidas muito para além das transacções na mercearia. Tal conclusão é igualmente apoiada por um enfoque na necessidade de inovação agrícola, mais ou menos da seguinte forma: "ao longo dos... séculos de civilização, a agricultura manteve-se na vanguarda das inovações *tecnológicas+, em parte, sem dúvida, porque também ocupava a cabeça e as mãos da maioria dos habitantes da civilização" (Boyd 2005, 203).

desenvolvimento das suas capacidades para compreender, prever e manipular os mercados, combinar a segurança económica com a realização de outros valores pessoais e políticos, facilitar a comunicação e a colaboração com outras partes interessadas, etc. Esta abordagem evita qualquer distinção moral categórica entre contextos económicos de produção e consumo e contextos políticos de regulação e gestão económica. Desta forma, abre-se espaço ético para reconceber um dólar como um voto, a responsabilidade empresarial como extensiva aos sistemas sociais e ambientais, ou um agricultor como um administrador do valor da terra, sem privilegiar a experiência dos membros de um tipo particular de instituição ou imputando-lhes sozinho a obrigação de provocar a mudança. Estamos todos juntos nisto.

4.4.2 Questões de valor ambiental

Uma forma de enquadrar este desacordo é colocar Thompson do lado das conceptualizações de "integridade funcional" da sustentabilidade e DeGregori do lado da "suficiência de recursos". Thompson prefere a abordagem da "integridade funcional" por duas razões: (a) considera que é mais suscetível de clarificar os pressupostos normativos dos analistas e (b) considera que direciona a nossa atenção para níveis de análise cada vez mais holísticos. Devido a este enfoque holístico, considera que o quadro de integridade funcional se conjuga melhor com o tipo de ética agrária baseada no lugar que está a tentar revitalizar. DeGregori invoca considerações éticas básicas sobre os direitos humanos e o bem-estar para justificar o seu apoio ao aumento dos recursos e à criação de avanços tecnológicos. Penso que a oposição é uma falsa dicotomia.

Em primeiro lugar, a adequação ética de qualquer um destes modelos, sugiro, implica uma escolha sobre a natureza das ameaças salientes a um sistema em questão. Analisar um sistema em termos da sua integridade funcional só é apropriado na medida em que se possa assumir com segurança que as entradas necessárias para um sistema permanecem constantes ou têm uma taxa de mudança previsível. Só nos preocupamos com a capacidade de um motor de automóvel continuar a funcionar se soubermos que teremos gasolina suficiente para o abastecer. Por outro lado, faz sentido concentrarmo-nos na suficiência de recursos de um sistema apenas na medida em que podemos assumir que está configurado de uma forma funcionalmente integral. Se o nosso motor não funciona, então a quantidade de gasolina necessária é uma preocupação secundária. Assim, embora DeGregori se concentre em medidas de sustentabilidade baseadas na suficiência de recursos, fá-lo principalmente devido à sua confiança na integridade funcional de um sistema agrícola baseado na ciência e na tecnologia. É a capacidade interna da ciência para lidar com a escassez de recursos que faz com que seja sensato concentrar-se na produtividade atual da AI.

Thompson, por outro lado, associa a AI mais estreitamente a um sistema económico neoclássico que, na sua opinião, não responde aos problemas ambientais. Além disso, concebe os recursos fundamentais para a produção agrícola como provenientes de sistemas de recursos renováveis. Embora reconheça a imprecisão científica de supor que os sistemas naturais não degradados atingem uma estabilidade perfeitamente harmoniosa, está confiante de que estes sistemas podem ser geridos de forma a manter níveis estáveis de produção de recursos. Esta capacidade dos sistemas de recursos renováveis para manter um fornecimento constante de solo fértil, ar e água limpos e biodiversidade faz com que seja sensato concentrarmo-nos na organização do nosso sistema de produção agrícola de uma forma que mantenha a atenção à integridade destes sistemas. E essa atenção, pensa Thompson, não vem de medidas frias e quantitativas de stocks de recursos e taxas de utilização. Vem da incorporação dos lugares naturais nos nossos sentidos de identidade e propósito colectivos, de ter um sentido prático de como dependemos dos sistemas naturais para viver bem.

É claro que o potencial produtivo de um sistema de recursos renováveis é determinado, em parte, pelos tipos de meios tecnológicos que possuímos para transformar os recursos naturais em unidades de benefício humano. E os valores ambientais locais podem ser bem servidos pela inovação centrada na utilização mais eficiente de determinados recursos ou na redução da poluição. Para mim, faz pouco sentido alinharmo-nos por um destes modelos de sustentabilidade, independentemente de um problema agrícola específico. Isto deve-se ao facto de cada modelo ser adequado a diferentes tipos de circunstâncias.

Assim, na minha opinião, Thompson e DeGregori têm ambos parcialmente razão. Cada um deles está concentrado num conjunto específico de problemas agrícolas, embora cada um tenda a realçar demasiado a importância daquilo que considera problemático. O enquadramento de Degregori do problema da sustentabilidade agrícola como sendo essencialmente um problema de produtividade funciona se o nosso objetivo for descobrir como conservar ou eliminar a utilização de um determinado recurso. Mas, como vimos, nem todos os problemas relevantes para a sustentabilidade agrícola podem ser caracterizados desta forma. Por outro lado, Thompson centra-se principalmente na forma como os hábitos e práticas culturais, possibilitados por modos de produção tecnológicos específicos, reproduzem disposições para nos preocuparmos e sermos motivados a agir no interesse da integridade ecológica. O seu enfoque funciona bem nos casos em que as forças económicas perturbam a capacidade prática dos indivíduos para cuidar da terra ou desviam persistentemente a sua atenção e motivação de o fazer. E pensar nas práticas agrícolas yeoman como incorporando valores ambientais sensatos permite-lhe caraterizar a mudança da agricultura yeoman para a agricultura industrial como um ataque generalizado à sustentabilidade agrícola neste sentido. No entanto, os valores da agricultura yeoman precisam tanto ou mais de reforma do que os valores da agricultura industrial moderna. E centrarmo-nos na forma como as tecnologias estruturam a nossa interface com o mundo natural, atribuindo virtudes a umas e vícios a outras, pouco mais faz do que polarizar uma conversa cujo principal objetivo é reconceptualizar, à luz da história e da experiência moderna, os tipos de normas que queremos que governem a nossa utilização das tecnologias actuais e a nossa criação de novas tecnologias.

Até agora, a minha tática tem sido concentrar-me na legitimidade de cada abordagem relativamente a tipos específicos de problemas agrícolas. Adiarei para a próxima secção as questões fundamentais do valor ambiental, a fim de tirar duas lições da discussão anterior. Uma é que ser claro sobre os pressupostos de avaliação é importante a dois níveis: primeiro, ao nível da escolha do modelo mais apropriado para compreender um determinado problema ambiental e, depois, novamente ao nível da definição do sistema em questão. Ao escolhermos o tipo de modelo a utilizar, partiremos de um conjunto de pressupostos sobre quais são as ameaças mais prementes a um sistema, bem como de pressupostos sobre quais serão os melhores meios para lidar com essas ameaças. A nossa perceção das ameaças mais graves e dos caminhos mais razoáveis para uma solução pode incorporar pressupostos sobre a natureza humana, sobre como dar prioridade às necessidades e desejos humanos, sobre os tipos de bens ambientais e sociais em jogo, etc. Ser claro sobre a forma como tais pressupostos influenciam a nossa escolha de metodologias e ferramentas teóricas é fundamental para a nossa capacidade de realizar debates claros e abertos sobre a sustentabilidade.

A segunda lição é que a clareza é igualmente importante e, contra Thompson, igualmente possível em ambos os modelos. No caso dos modelos de integridade funcional, a definição das fronteiras do sistema, a definição dos limiares superior e inferior de desempenho e a identificação das propriedades relevantes dos elementos sistémicos para manter um desempenho mínimo são todos locais onde os pressupostos normativos dos investigadores têm impacto nas suas escolhas teóricas. No caso dos modelos de suficiência de recursos, é importante ser claro sobre o produto ou serviço valioso para o qual um recurso é considerado um fator de produção e se o recurso serve outros objectivos, para quem o produto ou serviço é valioso, o valor relativo do produto ou serviço entre outros e como se chega a um período de tempo durante o qual o produto ou serviço deve ser mantido. A abordagem clara e aprofundada destes aspectos da normatividade conduzirá a medidas de sustentabilidade que devem assentar em objectivos sociais e escolhas de avaliação defensáveis, tal como nos modelos de integridade funcional. 4.4.3 Questões de progresso moral

Parece correto afirmar que as instituições científicas podem ser fornecedores de progresso moral, e têm-no sido no passado, quando lhes é permitido funcionar sem os interesses iníquos de corporações, governos ou indivíduos que se servem a si próprios. No entanto, não é claro que a distinção instrumental/ cerimonial de DeGregori seja uma explicação adequada para este facto ou uma justificação forte para aceitar a forma como os cientistas enquadram os problemas agrícolas. Embora este não seja o lugar para entrar numa consideração filosófica das caraterísticas sociológicas da ciência académica, parece que uma melhor explicação do sucesso moral da ciência poderia incluir alguns dos seguintes elementos que estas instituições respondem às preocupações do público e aos objectivos sociais; que incorporam procedimentos rigorosos de deliberação e justificação colectiva ao nível da determinação do valor de um programa de investigação e da adequação empírica das escolhas metodológicas e das afirmações empíricas; que consagram um forte compromisso com os valores humanistas; e que se concentram em fornecer os instrumentos e as estratégias de gestão para reduzir a prevalência da desigualdade e da competição de soma zero.

Mas, mesmo aceitando que as instituições científicas devidamente organizadas são factores cruciais para o progresso moral, o trabalho de Thompson põe em evidência dois outros problemas. Um deles é que, mesmo com a tecnologia e a informação necessárias para resolver os problemas ambientais, os públicos que não se preocupam com o ambiente ou que não respondem a valores colectivos não serão facilmente motivados a agir. O outro problema é que existe um fosso justificatório entre a ênfase no instrumentalismo processual e os valores humanistas e ambientais substantivos.

A minha discussão sobre economia acima referida foi uma tentativa de esboçar os tipos de reformas que podem ajudar a resolver a aversão pública a políticas e tecnologias destinadas a atingir objectivos sociais e ambientais. Além disso, a esperança é que essas reformas possam promover uma cultura pública de deliberação que possa ser uma fonte de objectivos sociais e valores ambientais. A questão, porém, é que, embora seja necessário que o público esteja informado sobre as práticas de produção agrícola e os problemas ambientais conexos para poder abordar a sustentabilidade de uma forma construtiva, não é claro que os ideais agrários desempenhem um papel necessário neste processo. De facto, na medida em que tais ideais incorporam um conservadorismo tecnológico de base e um desejo nostálgico de um tempo mais simples, não estarão bem posicionados para nos ajudar a compreender e a navegar nos sistemas agrícolas modernos, tecnologicamente intensivos e globalizados. Nestas condições, o sentimento público pode acabar por apoiar unilateralmente os sistemas de produção agrícola cujos métodos de produção artesanais e de mão de obra intensiva servem, em grande medida, uma elite abastada que se dá ao luxo de pagar preços elevados pelos alimentos pelo prestígio e satisfação pessoal que estes proporcionam. Mas o facto de tais sistemas de produção parecerem "tradicionais" não significa que sejam benignos para o ambiente ou que constituam um modelo para a reforma do sistema agrícola no seu conjunto.

O segundo problema é muito mais difícil: pode acontecer que, mesmo com o tipo de reformas económicas sugeridas acima, continue a haver um desacordo generalizado sobre a natureza dos valores ambientais e a forma como devem ser ponderados em relação aos valores antropocêntricos. Por exemplo, os economicistas, como DeGregori, podem persistir em colocar os interesses do bem-estar dos seres humanos acima das medidas de proteção da qualidade agro-ecológica ou do bem-estar dos animais. Pode haver várias formas de mitigar este tipo de desacordos. A primeira forma é tecnológica. A utilização da tecnologia para eliminar o conflito entre bens antropocêntricos e ambientais é uma forma fundamental de contornar estas questões. Por exemplo, considere-se o desacordo entre aqueles que se opõem ao consumo de carne por razões de direitos dos animais ou à luz do papel da agricultura animal nas alterações climáticas e aqueles que vêem o consumo de carne como um interesse legítimo de bem-estar, cuja liberdade de satisfação é fundamental. Nesse caso, um produto que pudesse satisfazer os interesses de bem-estar dos consumidores de carne sem a necessidade de criar animais (ver Beyond Meat™), ou estratégias de gestão que pudessem incorporar a produção animal humana num sistema que produzisse armazenamento líquido de carbono nos solos, seriam boas formas de contornar o desacordo. Em segundo lugar, concentrar-se nas formas em que o sistema de valores mais amplo dos oponentes se sobrepõe e pode convergir em soluções práticas minimiza a importância das diferenças, especialmente quando estas são de natureza teórica. Embora o processo de encontrar convergências em relação a soluções práticas para problemas específicos seja longo e complexo, concluo propondo um conjunto de ideais que se sobrepõem e que, na minha opinião, podem merecer o apoio tanto de Thompson como de

DeGregori, à luz da análise acima apresentada, e que podem constituir a base de um discurso construtivo em prol de políticas e inovações tecnológicas concretas. Estes são:

(1) a fundamentalidade moral da suficiência e disponibilidade alimentar para o sistema alimentar no seu conjunto, incluindo como norma para investigadores, consumidores, produtores, transformadores e distribuidores.

(2) a importância de abordar os problemas ambientais associados à agricultura, como as alterações climáticas, a poluição por nutrientes, a contaminação por pesticidas, a erosão dos solos, a perda de biodiversidade e outros, bem como os problemas laborais e de bem-estar dos animais.

(3) uma visão da cultura de consumo, que está associada à conceção neoclássica da agência económica, como um obstáculo à resolução destes problemas ambientais. A razão para tal é, no mínimo, o facto de o consumismo poder fomentar a insensibilidade à desigualdade e ao sofrimento humano, bem como à situação das gerações futuras.

(4) a aceitação de que muitas das tecnologias industriais modernas, como a utilização de máquinas, o fornecimento de nutrientes, a tecnologia de irrigação e o melhoramento do germoplasma, continuarão a ser importantes para que a agricultura satisfaça o critério de suficiência no futuro.

(5) o reconhecimento de que a agricultura moderna deve ter por objetivo reduzir a utilização de energia proveniente de combustíveis fósseis, de nutrientes (especialmente azoto e fósforo sintéticos), de pesticidas ecologicamente prejudiciais (como os neonicotinóides ou o DDT), de práticas de gestão que causam a erosão dos solos e de ecologias selvagens críticas para a produção de serviços ecossistémicos essenciais, como o ciclo do carbono, o ciclo dos nutrientes, o ciclo hidrológico, a estabilidade climática e a manutenção da biodiversidade. As estratégias gerais para o fazer incluem tornar a agricultura existente mais benigna e produtiva do ponto de vista ecológico, utilizar os terrenos urbanos para a produção de alimentos e gerir os ecossistemas selvagens para que sejam mais produtivos em termos de bens e serviços específicos. Para usar o tipo de termo conciliatório adotado pela FOA, pense nisto como estratégias de "intensificação ecológica".

(6) Um apoio às abordagens científicas dos problemas ambientais que incorporam modelos económicos e ecológicos complexos para prever e coordenar a nossa compreensão e abordagem dos mesmos.

(7) O reconhecimento de que, para resolver os problemas agrícolas modernos, será necessária uma investigação concertada, bem como um amplo envolvimento do público nas questões agrícolas. Por outras palavras, teremos de dedicar uma atenção e recursos públicos consideráveis à conceção, experimentação e avaliação de novas tecnologias e sistemas de gestão de intensificação ecológica.

O resultado destas convergências, na minha opinião, é que a antipatia entre as filosofias agrícolas industriais e alternativas pode ser grandemente diminuída. E pode ser gerada uma lista de ideais partilhados, que podem fornecer justificação para os seguintes tipos de iniciativas: programas de investigação e mecanismos económicos que envolvam os cientistas e o público nos problemas agrícolas; regulamentos, subsídios, impostos e outras medidas económicas para travar as práticas agrícolas nocivas para o ambiente e para a sociedade; programas e incentivos para redistribuir a riqueza global e desenvolver sistemas agrícolas mundiais ecologicamente intensificados; a criação de espaço discursivo entre produtores, consumidores, distribuidores e reguladores; programas educativos sobre a produção alimentar e os impactos das escolhas dos consumidores nos indivíduos, comunidades, animais e sistemas ecológicos. Por fim, espero ter criado um espaço de justificação para medidas de produtividade agrícola que tenham em conta a sua capacidade de atingir uma série de objectivos ecológicos, sociais e de produção enumerados. Espero também ter demonstrado que a economia agrícola deve centrar-se na conceção de mecanismos de mercado que tornem as práticas agrícolas mais rentáveis, na medida em que possam atingir mais destes objectivos em maior grau.

CAPÍTULO 5

Bibliografia

Alexandratos, Nikos (2009). How to Feed the World in 2030/50: Highlights and Views from Mid 2009. Departamento de Desenvolvimento Económico e Social da FAO: Reunião de peritos sobre "How to Feed the World in 2050". Obtido em http://www.fao.org/fileadmin/user upload/esag/docs/Alexandratos 2009 .pdf

Altieri, Miguel A. (2000). Agricultura Moderna: Impactos ecológicos e as possibilidades de uma agricultura verdadeiramente sustentável. Agroecologia em Ação. Recuperado de http://nature.berkeley.edu/~miguel-alt/modern agriculture.html em 27 de fevereiro de 2015.

Badgley, Catherine; Perfecto, Ivette (2007). Pode a agricultura biológica alimentar o mundo? Renewable Agriculture and Food Systems. Vol. 22(2). Pp. 80-85.

Borgmann, Albert (1984). A tecnologia e o carácter da vida moderna: A philosophical Inquiry. University of Chicago Press.

Boyd, Freeman (2005). A procura de uma ética agrícola. Dissertação de doutoramento para o Departamento de Filosofia da Universidade de Guelph.

Brown, Andrew G.; Stern, Robert M (2011) . Acordos de comércio livre e governação do sistema comercial global. Journal of The World Economy. Vol. 34(3). Pp. 331-354.

Browne,W.P., J. R. Skees, L. E. Swanson, P. B. Thompson, e L.J. Unnevehr (1992). Sacred Cows and Hot Potatoes: Agrarian Myths in Agricultural Policy. Westview Press.

Bruinsma, Jelle (2009). The Resource Outlook to 2050: How Much Do Land, Water, and Crop Yields Need to Increase by 2050? Departamento de Desenvolvimento Económico e Social da FAO: Reunião de peritos sobre como alimentar o mundo em 2050. Obtido em http://www.fao.org /WAICENT/FAOINFO/ECONOMIC/ESD/Natural%20resource%20use%20- %20Bruinsma.pdf

Bush, Paul D. (1983). An Exploration of the Structural Characteristics of a Veblen-Ayres-Foster Defined Institutional Domain [Uma exploração das caraterísticas estruturais de um domínio institucional definido por Veblen-Ayres-Foster]. Journal of Economic Issues. Vol. 17(1). Pp. 35-66.

Carson, Rachel (1962). Silent Spring. Houghton Mifflin: Boston (2002).

Darnhofer, Ika; Lindenthal, Thomas; Bartel-Kratochvil, Ruth; Zollitsch, Werner (2009). Convencionalização das práticas de agricultura biológica: From Structural Criteria Towards an Assessment Based on Organic Principles: A Review. Agronomia para o Desenvolvimento Sustentável. Vol. 30. Pp. 67-81.

DeGregori, Thomas R. (2004a). Origins of the Organic Agriculture Debate [Origens do debate sobre a agricultura biológica]. Iowa State Press.

DeGregori, Thomas R. (2004b). Green Revolution Myth and Agricultural Reality? Journal of Economic Issues. Vol. 38(2).

DeGregori, Thomas R. (2004c). More than Definitions: Real Differences that Matter [Mais do que Definições: Diferenças Reais que Importam]. Journal of Economic Issues. Notes and Communications. Pp. 1061-1066.

DeGregori, Thomas R. (2001). Agricultura e tecnologia moderna: A Defense. Iowa State University Press.

DeGregori, Thomas R. (1998). Technological Progressivism: Guilty as Charged. Journal of Economic Issues. Vol. 32(3). Pp. 848-856.

DeGregori, Thomas R. (1987). Os recursos não são, eles se tornam: An Institutional Theory. Revista de Assuntos Económicos. Vol. 21(3). Pp 1241-1263.

DeGregori, Thomas R. (1986). Tecnologia e Entropia Negativa: Continuidade ou Catástrofe? Revista de Assuntos Económicos. Vol 20(2). Pp. 463-470.

DeGregori, Thomas R. (1978). The Poverty of Affluence: The Limits of Growth in a World of Technology and Change [Os Limites do Crescimento num Mundo de Tecnologia e Mudança]. Fórum de Economia Social. Vol. 8(1). Pp. 8-19.

DeGregori, Thomas R. (1978a). Technology and Economic Dependency: An Institutional Assessment. Journal of Economic Issues. Vol 12(2). Pp. 467-476.

Delonge, Marcia S.: Albie, Miles; e Carlisle, Liz (2016). Investing in the Transition to Sustainable Agriculture (Investir na transição para a agricultura sustentável). Enviromental Science and Policy. Vol. 55. Pp. 266-73.

Douglass, Gordon K. (1984). Agricultural Sustainability in a Changing World Order (Sustentabilidade Agrícola numa Ordem Mundial em Mudança). Westview Press: Boulder, Colorado.

Grupo ETC (2009). Who Will Feed Us: Questões para a crise alimentar e climática. Retirado de etcgroup.org

FAO (2010). Global Hunger Declining, but Still Unacceptably High: International Hunger Targets Difficult to Reach. Departamento de Desenvolvimento Económico e Social. Recuperado de http://www.fao.org/docrep/012/al390e/al390e00.pdf.

Fischer, Gunther (2009). How Do Climate Change and Bioenergy Alter the Long-Term Outlook for Food, Agriculture, and Resource Availability? Departamento de Desenvolvimento Económico e Social da FAO: Reunião de peritos sobre como alimentar o mundo em 2050. Obtido em http://www.fao.org/fileadmin/templates/esa/Global persepctives/ Presentations/Fischer pres.pdf

Foley, Jonathan A. (2011). Can We Feed the World and Sustain the Planet: A Five Step Global Plan Could Double Food Production by 2050 While Greatly Reducing Environmental Damage. Scientific American. Vol. 305(5). Pp. 60-5

Fraser, Evan D.G. e Rimas, Andrew (2010). Empires of Food. Free Press.

Freeman Myrick A. (1998). The *Ethical Basis of the Economic View of the Environment.* In The rd Environmental Ethics and Policy Book: Filosofia, Ecologia, Economia (2003). 3

Edição. Eds. Donald VanDeVeer e Christine Pierce. Pp. 318-326

Greenwood, Daphne T.; e Holt, Richard P. F. (2008). *The Role of Technology and Institutions in Economic Development [O papel da tecnologia e das instituições no desenvolvimento económico].* Journal of Economic Issues. Vol. 42(2). Pp. 445-452.

Gollin, Douglas; Morris, Michael; e Byerlee, Derek (2005). *Technology Adoption in Intensive Post-Green Revolution Systems [Adoção de tecnologia em sistemas intensivos pós-revolução verde].* American Journal of Agricultural Economics. Vol. 87(5). Pp. 1310-1316.

Hamilton, Walton H. (1919). *The Institutional Approach to Economic Theory.* The American Economic Review. Vol. 9(1). Pp. 309-318.

Hazeltine, B. Bull, C. (1999). Appropriate Technology: Tools, Choices, and Implications (Ferramentas, Escolhas e Implicações) Nova Iorque: Academic Press.

Hillbrand, Evan (2009). *Poverty, Growth, and Inequality Over the Next 50 years (Pobreza, crescimento e desigualdade nos próximos 50 anos).* Departamento de Desenvolvimento Económico e Social da FAO: Reunião de peritos sobre como alimentar o mundo em 2050. Obtido em http://www.fao.org/fileadmin/templates/esa/ Global persepctives/Presentations/Hillebrand pres.pdf

Horner, Jim (1989). *The Role of Technology: An Institutionalist Debate.* Journal of Economic Issues. Vol. 23(2).

Howard, Alfred, Sir. (1947). *O solo e a saúde: A Study of Organic Agriculture*. Lexington: University of Kentucky Press (2006).

Huang, Mu-Hsuan; Chang, Han-wen;Chen, Dar-Zen (2012). *A tendência de concentração na investigação científica e na inovação tecnológica: A Reduction of the Predominant Role of the U.S. in World Research and Technology.* Journal of Infometrics. Vol. 6(4). Pp. 457-468.

Hurni, Hans; Herweg, Karl; Portner, Brigitte; e Liniger, Hanspeter (2008). *Soil Erosion and Conservation in Global Agriculture (Erosão e Conservação do Solo na Agricultura Global).* Land Use and Soil Resources. Eds. Braimoh, Ademola K., e Vlek, Paul L. G. Springer: Netherlands. Pp-41-71.

Jasanoff, Sheila (2000). Comentário: Between Risk and Precaution: Reassessing the Future of GM Crops. Journal of Risk Research. Vol. 3(3). Pp. 277-282.

King, Thomas (2013). O índio inconveniente: A Curious Account of Native People in North America [O índio inconveniente: um relato curioso sobre os povos nativos da América do Norte]. Âncora: Canadá

Kraut, Richard (2014). A ética de Aristóteles. A Enciclopédia de Filosofia de Stanford. Ed. Edward N. Zalta.

Kremen, Claire, e Miles, Albie (2012). Serviços ecossistémicos em sistemas agrícolas biologicamente diversificados versus convencionais: Benefits, Externalities, and Trade-offs. Ecologia e

Sociedade. Vol. 17(4).
Kritcher, John (1998). *Nothing Endures but Change: Ecology's Newly Emerging Paradigm.* Naturalista do Nordeste. Vol. 5(2). Pp. 165-74.
Kyriakou, Dimitris (2002). Tecnologia e crescimento sustentável: Towards a Synthesis. Technological Forecasting and Social Change. Vol. 69. Pp. 897-915.
Lally, Phillippa; Van Jaarsveld, Cornelia H.M.; Potts, Henry W.W.; e Wardle, Jane (2010). How Are Habits Formed: Modelling Habit Formation in the Real World [Como se formam os hábitos: modelando a formação de hábitos no mundo real]. Jornal Europeu de Psicologia Social. Vol. 40. Pp. 998-1009
Leopold, Aldo (1949). A Sand County Almanac: with Essays on Conservation from Round River. Oxford University Press.
Ling, Peter (2004). Thomas Jefferson e o meio ambiente. História Hoje. Vol. 54(1).
Lobao, Linda e Stofferahn, Curtis W. (2008). The Community Effects of Industrialized Farming: Social Science Research and Challenges to Corporate Farming Laws. Journal of Agriculture and Human Values. Vol. 25. Pp. 219-40.
Lundgren, Jonathan G. e Fausti, Scott W. (2015). Trocando Biodiversidade por Problemas de Pragas. Avanços da Ciência. Vol.1(6).
Luttikholt, L.W.M. (2007). Princípios da agricultura biológica formulados pela Federação Internacional dos Movimentos de Agricultura Biológica. NJAS- Wageninen Journal of Life Sciences. Vol.54(4). Pp. 347-60.
Lyson, Thomas A. e Guptill, Amy (2004). Commodity Agriculture, Civic Agriculture, and the Future of U.S. Farming" [Agricultura de Commodities, Agricultura Cívica e o Futuro da Agricultura dos EUA]. Journal of Rural Sociology. Vol. 69(3). Pp. 370-85.
Lyson, Thomas A.; Torres, Robert J.; e Welsh, Rick (2001). Scale of Agricultural Production, Civic Engagement, and Community Welfare [Escala da produção agrícola, envolvimento cívico e bem-estar comunitário]. Journal of Social Forces. Vol. 80(1). Pp. 311-27.
Mayes, Christopher (2014). Um imaginário agrário na vida urbana: Cultivando Virtudes e Vícios através de uma História Conflituosa. Revista de Agricultura e Ética Ambiental. Pp. 26586.
Mayhew, Anne (2010). Clarence Ayres, Technology, Pragmatism, and Progress. Cambridge Journal of Economics. Vol. 34. Pp. 213-22.
Moore, Ronald (1995). A Estética e a Moral. Journal of Aesthetic Education. Vol. 2(29). Pp. 18-22.
Msangi, Siwa, e Rosegrant, Mark W. (2009). World Agriculture in a Dynamically Changing *Envrronment (*Agricultura Mundial num *Ambiente* em Mudança Dinâmica*): IFeRI's Long-Term Outlook for Food and Agriculture Under Additional Dand Cnsains.* Departamento de Desenvolvimento Económico e Social da FAO: Reunião de peritos sobre como alimentar o mundo em 2050. Obtido em http://www.fao.org /fileadmin/templates /esa/Global persepctives/Presentations/Msangi pres.pdf

National Standards Canada (NSC) (2011). *Princípios gerais e normas de gestão dos sistemas de produção biológica.* Conselho de Normas do Canadá: Governo do Canadá.

North, Paul (1991). *Institutions.* Journal of Economic Perspectives. Vol. 5(1). Pp. 97-112.

Pepper, John W. e Rosenfeld, Simon, (2012). *A Ecologia Médica Emergente do Microbioma do Intestino Humano.* Tendências em Ecologia e Evolução. Vol 27(7), pp. 381-384

Oenema, O; Witzke, H.P.; Klimont, Z., Lesschen, J.P., Velthof, G.L. (2009). *Integrated Assessment of Promising Measures to Decrease Nitrogen Losses from Agriculture in EU- 27 [Avaliação integrada de medidas promissoras para reduzir as perdas de azoto na agricultura na UE-27].* Agricultura, Ecossistemas e Ambiente. Vol. 133. Pp. 280-8.

Rigby, D. e Caceres, D. (2001). *Organic Farming and the Sustainability of Agricultural Systems.* Agricultural Systems. Vol. 68. Pp. 21-40

Rural Ontario Institute (ROI) (2008). *Food Connects Us All: Sustainable Local Food in Southern Ontario.* Fundação Metcalf. Recuperado de http://metcalffoundation.com/publications-resources/view/food-connects-us-all-sustainable-local-food-in-southern-ontario/

Sagoff, Mark (2012). A Economia da Terra: Filosofia, Direito e Meio Ambiente. Segunda edição. Oxford University Press.

Samuelson, Roar (2008). Pragmatismo, tecnologia e investigação científica: Exploring Aspects of the Philosophical Underpinnings of Institutional Economics [Explorando Aspectos dos Fundamentos Filosóficos da Economia Institucional]. Nordlandsforskning: Grupo de Investigação de Nordland. Recuperado de http://www.nordlandsforskning.no/publikasjoner/pragmatism-technology-and-scientific-inquiry-article1117-152.html.

Sandler, Ronald L. (2007). Carácter e ambiente: A Virtue-Oriented Approach to Environmental Ethics [Carácter e Ambiente: Uma Abordagem da Ética Ambiental Orientada para a Virtude]. Columbia University Press.

Slade, Peter; Hailu, Getu (2014). *Eficiência e regulamentação das explorações leiteiras: A Comparison of Ontario and New York State.* Submetido ao The Journal of Productivity Analysis. Recuperado de https:// sites.google.com/ site/ sladepeterj oel/research.

Seufert, Verena; Navin, Ramankutty; e Foley, Jonathan A. (2012). *Comparing the Yields of Organic and Conventional Agriculture [Comparação dos rendimentos da agricultura biológica e convencional].* Nature. Vol. 485. Pp. 229-234.

Spiertz, J.H.J. (2010). *Nitrogénio, Agricultura Sustentável e Segurança Alimentar: A Review.* Agronomia para o Desenvolvimento Sustentável. Vol. 30. Pp. 43-55.

Sumner, Daniel A.; Alston, Julian M.; e Glauber, Joseph W. (2010). *Evolution of the Economics of Agricultural Policy [Evolução da Economia da Política Agrícola].* American Journal of Agricultural Economics. Vol 92(2). Pp. 403-423.

Tarlock, Dan (1994). *The Nonequalibrium Paradigm in Ecology and the Partial Unraveling of*

Environmental Law. Loyola of Los Angeles Law Review. Vol. 27 Pp. 1121-44.

Temple Kirby, Jack (1996). *Cultura rural no meio-oeste americano: Jefferson to Jane Smiley.* Sociedade de História Agrícola. Vol. 70(4). Pp. 581-597.

Thompson, Paul B. (2010). Visões Agrárias: Sustainability and Environmental Ethics. The University Press of Kentucky.

Thompson, Paul B. (1995). The Spirit of the Soil: Agriculture and Environmental Ethics (O Espírito do Solo: Agricultura e Ética Ambiental). Routledge: Nova Iorque.

Welchman, Jennifer (2009). *Pragmatismo e o(s) Valor(es) da Natureza.* Ata Philosophical Fennica 86: 149-62.

Welchman, Jennifer (2012). *Pragmatismo ambiental.* Ética ambiental para canadianos. Ed. Byron Williston. Oxford University Press. Pp. 146-152.

Williston, Byron (2012). Ética ambiental para canadianos. Oxford University Press.

Wood, Wendy e Neal, David T. (2009). The Habitual Consumer. The Journal of Consumer Psychology. Vol. 19. Pp. 579-592.

Zimbauer, Dieter (2001). From Neoclassical Economics to New Institutional Economics and Beyond: Prospects for an Interdisciplinary Research Programme? London School of Economics and Political Science Working Paper Series. Retirado de http://ssm,com/abstract=2240572.

Printed by Books on Demand GmbH, Norderstedt / Germany